1er CONGRÈS INTERNATIONAL
d'Électroculture

ET DES

APPLICATIONS de l'ÉLECTRICITÉ

à l'Agriculture, à la Viticulture, à l'Horticulture
et aux Industries Agricoles

TENU A **REIMS**, DU 24 AU 26 OCTOBRE 1912

en présence des Délégués Officiels du Ministère de l'Agriculture, de l'Académie des Sciences,
et des Gouvernements de Belgique, de Hongrie. du Luxembourg.
du Mexique et de Russie.

COMPTES RENDUS

PAR

A. Ph. SILBERNAGEL

Ingénieur-Conseil
Directeur du " Génie Rural " et de " L'Electroculture "
Président du Comité d'Organisation du Congrès

avec la collaboration de

Fernand BASTY

Rédacteur en Chef de " L'Electroculture "
Lauréat de la Société Nationale d'Agriculture
de France
Secrétaire Général du Congrès

Jean ESCARD

Ingénieur Civil
Lauréat de la Société d'Encouragement
pour l'Industrie Nationale
Rapporteur Général du Congrès

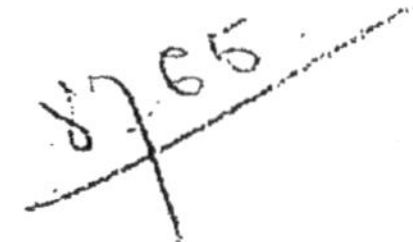

ÉDITIONS DE TECHNIQUE AGRICOLE MODERNE
DE L'OFFICE CENTRAL DU GÉNIE RURAL
DE LA MOTOCULTURE ET DE L'ÉLECTROCULTURE
58, Boulevard Voltaire, 58
PARIS

Fascicule N° 2

2ᵉ Année. — Nᵒ 13.   Janvier

Editions de Technique Agricole Moderne

L'Electroculture

Revue pratique des Applications de l'Electricité à l'Agriculture
à la Viticulture, à l'Horticulture et aux Industries Agricoles

Directeur : **A.-Ph. SILBERNAGEL,** Ingénieur-Conseil
Rédacteur en chef : **Fernand BASTY**

DIRECTION. RÉDACTION. ADMINISTRATION : *58, Boulevard Voltaire,* PARIS

Abonnements à *"L'Electroculture"*

France et Colonies (par an). . . . Fr. **10.**»» ☙ Etranger (par an) . . . . Fr. **12.**

Abonnements combinés à nos trois Revues mensuelles de Technique Agricole Moderne
Le Génie Rural, — La Motoculture, — L'Electroculture

France et Colonies (par an) . . . Fr. **15.**»» ☙ Etranger (par an) . . . . Fr. **20.**

Primes gratuites

Les diverses primes mentionnées à la page 4 de cette couverture et dont bénéficient les souscripteurs à un **Abonnement combiné** d'un an à nos trois revues, peuvent être remplacées, sur demande, par

Une collection des nᵒˢ 1 à 12 formant
la Première Année de L'Electroculture

Cette offre ne concerne que Messieurs les Membres du Congrès de Reims et les Souscripteurs aux Comptes Rendus, et n'est valable que jusqu'à épuisement de la Collection.

Abonnements combinés

au *Génie Rural*, à *La Motoculture* et à *L'Électroculture*

FRANCE ET COLONIES (par an) . . . . . fr. **15**.—   ETRANGER (par an). . . . . fr. 2[

Les Bulletins d'Abonnement

qui nous seront expédiés dans les 8 jours qui suivront la réception de ce **Numéro** donneront droit en outre aux

PRIMES GRATUITES suivantes :

OPINIONS ET ÉTUDES SUR LA MOTOCULTURE et l'emploi du moteur mécanique en Agricult[réunies par A. Ph. SILBERNAGEL, Ingénieur-Conseil en matière de Propriété Industrielle, Secrétaire gén[du 1ᵉʳ Congrès International de Motoculture (Amiens 1909) et de l'Association Française de Motocultur[

TABLE DES MATIÈRES. — I. **Partie économique :** Avantages résultant du remplacement en agricul[du moteur animé par le moteur mécanique :

1° *Conditions générales.* Auteurs : MM. RINGELMANN ; Jean LEJEAUX.
2° *Du point de vue de la Main-d'œuvre.* Auteurs : MM. Ch. LAFARGUE ; R. BARON.
3° *Du point de vue de l'Elevage.* Auteur : M. Ch. LAFARGUE.

II. **Partie technique :** Influence du remplacement du moteur animé par le moteur mécanique : a) s[construction des machines-outils agricoles ; b) sur les façons et procédés culturaux.

1° *Application du moteur mécanique aux machines-outils conçues pour être actionnées par moteur a[* (Traction mécanique des charrues, etc.). Auteur : Burness GREIG.
2° *Création de machines-outils nouvelles, conçues spécialement en vue de la commande par moteur mécan[* Auteurs : MM. Alexandre LONAY ; DRAPIER-GENTEUR ; LECLER ; DE MEYENBURG ; SILBERNAGEL.
3° *Amélioration des façons et procédés culturaux par les machines-outils commandées mécaniquement :* Dimin[*des frais, augmentation des récoltes.* Auteurs : MM. Alexandre LONAY ; D'AVIGNY ; DE MEYEN[SILBERNAGEL.
4° *Comment essayer les appareils de Motoculture.* Auteurs : MM. Alexandre LONAY ; R. CHAMPLY.
5° *L'avenir de la Motoculture.* Auteur : M. Alexandre LONAY.

Un volume in-octavo raisin, 150 pages (2ᵉ édition).

ALBUM DE LA MOTOCULTURE française et étrangère, *60 gravures similis de :* Tracteurs, Cha[automobiles, Treuils, Laboureuses, Piocheuses, Houes automobiles, Bineuses à moteur, Rouleaux [mobiles, Faucheuses automobiles, Moissonneuses automobiles, Batteuses, etc.

Un album in-octavo jésus, 32 pages.

LE PROBLÈME DE LA MOTOCULTURE par M. Alexandre LONAY, Directeur de l'Ecole de Mécan[agricole de Mons, Président de la « Fédération Internationale de Motoculture ». Conférence à la So[belge pour le Progrès de la culture mécanique. [N° 39 du *Génie rural*].

ÉTUDE HISTORIQUE, TECHNOLOGIQUE et ÉCONOMIQUE sur la direction à donner à l'évolu[**du nouvel outil-laboureur, adapté au nouveau moteur automobile,** par K. DE MEYEN[Ingénieur à Bâle. (Rapport présenté au 1ᵉʳ Congrès International de Motoculture d'Amiens en [[N° 40 du *Génie rural*].

DÉCOUPEZ SUIVANT LA LIGNE POINTILLÉE

BULLETIN D'ABONNEMENT

Le soussigné :   (Nom et adresse complète)

souscrit à un abonnement d'**UN AN** *au* **Génie Rural,** *à* **La Motoculture** *et à* **L'Electrocult[**

Il joint la somme de $\frac{\text{quinze}^1}{\text{vingt}^1}$ **francs** *(coût de cet abonnement), en un Mandat-Poste*[1], *Bo[Poste*[1], *Chèque*[1]. *à l'ordre du* " **GÉNIE RURAL** " *et désire recevoir les* **Primes gratuites** *ci-d[annoncées.*

A   le   *1913*

SIGNATURE :

(1) Biffer les mots qui ne conviennent pas.

Abbeville. — Imprimerie F. PAILLART.

Conférence de M. le Colonel Pilsoudski

Ingénieur à Saint-Pétersbourg

sur ses Travaux d'Electroculture

(Résumée par M. F. BASTY, Secrétaire Général du Congrès)

L'application de l'électricité à la culture commence à intéresser un grand nombre d'agronomes et de savants. Jusqu'ici, les résultats obtenus ont été des plus contradictoires. La cause de ces résultats si changeants, si inégaux est sans doute dans le fait que tous les facteurs qui exercent une certaine influence sur les expériences sont encore loin d'être parfaitement connus. Si nous nous reportons à la littérature assez riche sur cette question (puisqu'elle comprend près de 500 travaux écrits) nous verrons que, dès 1746, Maimbray d'Edimbourg soumet, pour la première fois, deux myrtes à l'influence électrique. Parmi les travaux qui méritent une attention particulière, je tiens à citer ceux de Becquerel, Mateucci, Reissert, Celi, Leclaire, Lemstroëm, Grandeau, Volny, Guarini, Spechnew, Basty, etc...

M'intéressant particulièrement à la question électroculturale, l'ayant moi-même étudiée en détail pendant plusieurs années, j'ai opéré une série d'expériences dont les résultats sont mentionnés dans le journal russe *le Cultivateur*. Ce sont les travaux des professeurs Guarini et Lemstroëm qui, au début de mes recherches, ont retenu toute mon attention. Des travaux de ces savants, il résulte, en effet, que l'Electricité est un des facteurs les plus importants dans la vie des plantes. D'après Guarini, les rayons solaires exercent sur les plantes non seulement une influence en tant que producteurs d'énergies chaleur et lumière, mais encore, et surtout, en tant qu'énergie électrique. Chacun sait que certaines plantes, pour ne pas dire toutes, se développent très mal dans l'obscurité. Ce n'est pas seulement parce que ces plantes sont privées de l'énergie lumière, indispensable à la production de la chlorophylle, mais aussi parce qu'elles sont privées de l'énergie électrique. En effet, si l'on entretient les mêmes plantes dans une obscurité complète, en leur donnant cependant la possibilité d'obtenir de l'énergie électrique, elles se développent. D'ailleurs, une série d'expériences très concluantes a brillamment démontré ce que j'avance. Bien plus, ces plantes parviennent même, par la suite, à fructifier. M. Guarini a fait la contre-expérience en soustrayant une plante aux influences des électricités atmosphérique et tellurique : celle-ci a vite dépéri. Il est donc établi que les plantes ont, non seulement, besoin, pour vivre, des énergies lumière et chaleur, mais aussi de l'énergie électrique. Or, les courants électriques traversant les plantes de l'atmosphère à la terre pour revenir ensuite, à travers celles-ci, du sol à l'atmosphère, facilitent, à travers les vaisseaux capillaires, l'ascension de la sève et, partant, toutes les fonctions de la plante, notamment la fonction chlorophyllienne, fonction, est-il besoin de le rappeler, qui décompose en oxygène et en carbone l'acide carbonique exhalé et sans laquelle les opérations d'assimilation et de nutrition seraient impossibles.

Le rôle de l'énergie électrique se manifeste encore visiblement sur la décomposition chimique des composés contenus dans le sol. Enfin le courant électrique joue un rôle important en activant la respiration de la plante qu'il traverse. Ajoutons que, sous l'influence d'un courant de haute tension, la fonction respiratoire est accrue, qu'une production d'ozone se forme dans les cellules, et que ce développement occasionnel d'ozone doit avoir indubitablement comme conséquence d'augmenter l'activité de l'organisme végétal. Tous ces faits montrent donc bien le rôle proéminent de l'énergie électrique, sa grande influence sur l'activité vitale des plantes et il n'est donc pas chimérique d'espérer réaliser des progrès importants dans l'art de cultiver le mieux possible les plantes, lorsque l'on saura exactement la nature des courants auxquels il faudra soumettre celles-ci. De ce qui vient d'être dit, il résulte très clairement, qu'à l'heure actuelle, il y a lieu de tenir compte, et cela très sérieusement, dans l'amélioration des cultures, du rôle des électricités atmosphérique et souterraine jusqu'à présent peu connues. C'est d'ailleurs la physiologie des plantes qui nous signale le rôle important de ces deux électricités. Dans l'atelier immense de la nature, tout est arrangé tellement conformément au but, que même les épines des arbres à feuilles aciculaires et les râpes des plantes céréales, ainsi que les inégalités des bords des feuilles d'arbres doivent être prédestinées à des fonctions déterminées ; la présence de l'électricité dans l'air leur donne la possibilité d'accomplir le rôle de véritables capteurs...

Et M. Pilsoudski cite un extrait de l'ouvrage du professeur Lemstroëm concernant l'influence de l'électricité atmosphérique sur la vie des plantes, dans les régions arctiques.

*
* *

Jusqu'à ce jour, on a appliqué l'électricité à l'agriculture sous ses différentes manifestations : électricités tellurique (voltaïque) ; atmosphérique ; courants de haute tension, provenant de dynamos et de transformateurs. Malheureusement, nous sommes encore peu fixés sur la nature, l'intensité et la tension des courants qui doivent donner les meilleurs résultats.

A l'époque où j'étudiais cette question, j'expérimentais dans le Jardin des Plantes de Saint-Petersbourg. Voulant faire, avant tout, une installation économique, je me suis servi, comme éléments, de deux électrodes égales en fer. En installant les éléments à différentes hauteurs, sur un terrain en pente, j'ai remarqué que l'électrode placée dans une terre humide était toujours positive. Me basant sur cette constatation, je me suis demandé quels seraient les résultats que l'on pourrait obtenir sur un terrain plat qui serait arrosé à volonté. J'ai obtenu des résultats favorables ; à savoir qu'il s'est formé un courant électrique entre deux éléments en fer de même surface. Si l'on tient compte du fait que ces essais eurent lieu dans un potager dont les plates-bandes étaient assez élevées et les éléments disposés dans la direction sud-nord, les résultats que j'obtins m'ont pleinement satisfait. J'ai voulu expérimenter ensuite l'action des courants provenant des machines. (On avait essayé, en effet, à l'époque, vers 1889, d'employer l'électricité à la lutte contre le phylloxéra.) J'ai alors porté mon attention sur des arbres plantés dans le parc de Bruxelles et qui étaient soumis à l'action de courants d'induction. J'ai constaté que l'influence des courants n'était pas étrangère à la croissance exubérante des arbres traités. Un peu plus tard, M. Lemstroëm chercha à appliquer à l'agriculture les courants électriques de haute tension ; mais cette expérience, qui d'ailleurs est classique, exige des appareils spéciaux, coûtant fort cher et servis par un personnel très bien dressé. Aussi, voulant appliquer l'électroculture d'une façon pratique et peu coûteuse, est-ce vers l'utilisation de l'électricité *voltaïque* produite par des éléments terreux et de l'électricité *atmosphérique* dont la captation est gratuite que j'orientai mes recherches. D'ailleurs, voici comment je fus amené à cette solution. En 1873, je dirigeais à Tachkent la section électrotechnique des troupes du génie. Or, par le plus grand des hasards, je constatai le fait suivant : En exécutant un certain travail, il nous fallut plonger deux électrodes dans un canal servant à l'irrigation (arike) des champs avoisinants. Les électrodes étaient en communication avec une puissante batterie voltaïque d'environ 200 éléments : les électrodes étaient l'une en zinc et l'autre en cuivre. Notre travail achevé, les électrodes furent laissées en place dans le canal ; seulement, et je ne sais par quelle idée, on fut amené à relier ensemble les fils conducteurs. Or, sur les bords du canal, croissaient des peupliers qui, normalement en 10 ans, devenaient suffisamment forts pour être employés aux travaux de construction. Les électrodes oubliées par nous donnèrent naissance à un courant électrique et, lorsque quelque temps plus tard nous repassâmes, je constatai que la hauteur des peupliers plantés, entre les deux électrodes, dépassait deux fois celle des peupliers voisins. Mes préoccupations militaires, à cette époque, ne me permirent pas de m'occuper sérieusement de cette question. Mais Narkewitch-Yodko publia des travaux sur ce sujet et proposa même de graisser et de vernir les électrodes. A mon avis, de pareilles manipulations ne peuvent qu'être nuisibles à la conductibilité des éléments voltaïques. Des essais furent aussi tentés par M. Spechnew dans le gouvernement de Kiew et ensuite par M. Popof à Kronstadt. Les produits obtenus furent présentés à l'Exposition agricole de Saint-Pétersbourg. M. Spechnew a d'ailleurs consigné ses observations et résultats. L'emploi de l'électricité donne, d'après lui :

    1° Une *augmentation* considérable *de croissance.*

    2° *Une augmentation* de *récolte* de 100 o/o.

    3° *La floraison* de la plante se fait beaucoup plus tôt.

M. Spechnew a trouvé, en outre, que la composition de la terre se trouve modifiée par l'action des courants. Cette action est mise en lumière de la façon suivante : à trois pieds de profondeur, il prélevait dans un sol électrisé 100 grammes de terre et la même quantité dans un sol exempt de toute influence électrique, mais de même composition.

Ces deux prélévements étaient lavés et séchés à 14° R.

Dans 1000 kilogrammes d'eau, le premier prélèvement de terre se dissolvait dans la proportion de 0,155 et le deuxième, seulement dans la proportion de 0,085, c'est-à-dire dans une proportion moitié moindre.

DE L'EMPLOI DES ÉLÉMENTS TERREUX
(Electricité voltaïque)

Pour produire l'électricité (voltaïque), au moyen des courants terreux, on crée une vaste pile dont l'un des pôles est constitué par une ou plusieurs plaques de zinc enfouies dans le sol (c'est le pôle +), l'autre pôle par une ou plusieurs plaques de fer également enfouies dans le sol (c'est le pôle —). Ces deux pôles sont réunis au moyen d'un conducteur.

En étudiant l'emploi des éléments terreux, j'ai constaté qu'il y a avantage et même nécessité à disposer alternativement une électrode Zinc et une électrode Fer (voir fig. 1).

Si les électrodes sont disposées comme je viens de l'indiquer, elles doivent électriser les champs d'une façon complète.

Grâce à cette disposition, il m'a été permis de démentir les assertions de certains savants qui prétendaient que les courants électriques provenant des éléments terreux étaient les mêmes que les courants de la terre, ces derniers suivant toujours la direction du sud au nord. Or, s'il en était ainsi, la déclinaison de l'aiguille du galvanomètre suivrait toujours la même direction, tandis que dans la disposition que je préconise l'aiguille décline selon la direction des courants, ce qui prouve donc bien l'existence des courants terreux (1). Les éléments terreux sont très constants dans les terrains plats, éloignés des montagnes ; tandis que dans les terrains montagneux, ils sont excessivement inconstants, cela dépend de la grande quantité des courants électriques de la terre qui, choisissant la résistance « minima », sont ainsi amenés à suivre des directions différentes.

(1) Par courants terreux, M. Pilsouski entend les courants *telluriques.*

A ce sujet, mes observations furent faites sur la pente sud de la chaîne principale des monts du Caucase. J'ai remarqué que l'aiguille du galvanomètre changeait constamment de direction, et même tournait autour de son axe. Cela se produisait surtout avant les tremblements de terre qui, dans cette région, sont assez fréquents. Je fus donc conduit à supposer que pendant les tremblements de terre, et même un certain temps avant, il se forme dans la terre une grande quantité de courants électriques qui peuvent être surpris par les appareils introduits dans la chaîne des éléments terreux. On a raison de supposer qu'un grand nombre de tremblements de terre proviennent des ouragans électriques qui ont lieu dans le sein de la terre. En effet, dans la terre se trouvent de grands gisements de granit et de schiste qui sont mauvais conducteurs de l'électricité, mais la terre qui les entoure est bon conducteur, de sorte que l'ensemble forme un condensateur d'une énorme capacité qui se charge pendant un certain temps et, enfin un beau jour, se décharge. Cette décharge colossale fait fondre et vaporiser toutes les matières environnantes. Alors, se produisent tous les cataclysmes que nous constatons à la surface. Ce condensateur, d'ailleurs comme tous les autres, ne se décharge pas complètement d'un seul coup, mais exige des décharges répétées, de plus en plus faibles. C'est ainsi que dans les tremblements de terre, nous observons des coups répétés.

En supposant que les tremblements de terre sont les suites d'un ouragan électrique qui a pris naissance dans le sein de la terre, on peut utiliser les éléments terreux comme baromètres susceptibles d'indiquer et d'enregistrer les intensités des tremblements de terre.

Dans l'application de l'électricité à la culture des plantes, il faut toujours avoir la possibilité de déterminer exactement l'*intensité* et la *tension* du courant. La régularisation de l'intensité des éléments terreux se fait de la façon suivante :

Les expériences ont montré qu'en augmentant la surface de l'électrode négative on augmente la force du courant électrique. L'élément terreux doit avoir une intensité et une tension qui doivent être inférieurs à : $10 \dfrac{M}{a}$ et $25 \dfrac{M}{v}$. Pour expliquer comment des courants aussi faibles peuvent produire un travail, et, partant, exercer une action salutaire, il faut bien remarquer que pour obtenir ce résultat appréciable, ces courants doivent fonctionner pendant plusieurs mois. La surface des électrodes est ordinairement d'un mètre carré. S'il est nécessaire d'augmenter la distance entre les électrodes (dans mes essais, la longueur du champ ne dépassait pas 650 sagènes), on augmente la surface de l'électrode négative en réunissant deux ou plusieurs tôle de fer ensemble Au cours de mes expériences, la surface de l'électrode négative était parfois augmentée de 5 fois. (voir fig. 4).

Dans l'expérience scientifique faite sur une distance de 120 kilomètres entre Rouen et Asnières, une électrode positive était enfouie à Rouen et

40 de même dimension à Asnières. La force du courant électrique suffisait pour faire fonctionner le télégraphe.

Pour appliquer l'électricité à la production d'un travail quelconque, il faut d'abord définir la nature des courants, déterminer leur intensité et leur tension. Par exemple pour allumer une lampe électrique à fil, il faut avoir à sa disposition un courant d'une tension de 110 volts et d'une intensité d'un demi ampère. Si la lampe reçoit moins d'énergie électrique, elle éclairera peu ou même pas du tout ; si elle en reçoit trop le fil brûlera entièrement et la lampe s'éteindra.

Si nous voulons appliquer l'électricité à l'agriculture, il nous faut donc définir aussi avec une très grande précision la force et la tension du courant. L'électrolyse violente et continue de la terre peut en effet l'épuiser. De plus, les plantes peuvent elles-mêmes être soumises à des courants trop forts.

Je dus travailler longtemps pour arriver à fixer 1° la quantité *minima d'ampères* et de *volts* nécessaires pour obtenir les meilleurs résultats ; 2° pour avoir une installation permettant de régulariser, sans difficulté, ces deux facteurs : « tension et intensité » des courants. La pratique m'a montré que les simples paysans du gouvernement de Moscou, après les explications que je leur avais données, étaient parvenus à cultiver électriquement dans leurs potagers des melons et même des melons d'eau provenant, non seulement de plants, mais directement de graines. Un autre précieux avantage que je signale est relatif à la précocité très grande de la plupart des plantes soumises à l'électricité. En effet des citronniers, orangers, mandariniers du pays de Batoum qui, normalement, devaient donner des fruits beaucoup plus tard que les mêmes essences cultivées en Italie parvinrent à produire des fruits, à la même époque, grâce à l'emploi de l'Electricité.

Conditions à remplir pour arriver à de bons résultats

Avant de commencer une expérience d'électroculture, il est nécessaire : 1° de s'orienter, de connaître l'Orient et l'Occident et de disposer les éléments dans cette direction ; 2° de déterminer exactement l'intensité et la tension nécessaires au courant avec lequel on désire travailler. Pour cela on enfouira dans la terre une tôle en zinc d'un mètre carré de surface et, dans la direction longitudinale opposée, une tôle en fer de même dimension. Les deux tôles seront réunies par un fil conducteur. (Voir fig. 2). En introduisant dans le circuit un appareil de précision (galvanomètre), on pourra ainsi mesurer l'intensité ou la tension du courant. Si l'élément terreux ne donne pas le courant que l'on désire obtenir, on pourra enfoncer à côté de la tôle en fer une deuxième tôle de même dimension. Bien entendu ces deux tôles devront être réunies entre elles. Il doit se former de suite un courant dirigé dans la direction du zinc au fer. Si le galvanomètre n'indique pas encore le voltage et l'ampérage désirés, on augmente les quantités de tôle en fer en les disposant et en les unissant de la même manière. D'ailleurs, l'emploi de l'ampèremètre et du voltmètre est simple, et l'ouvrier agricole le moins exercé a vite fait son apprentissage. Certaines précautions sont indispensables, lors de l'enfouissement des éléments. Il est nécessaire de creuser une petite tranchée dans laquelle on posera verticalement la tôle ; on remblayera ensuite en versant la terre par couches et en ayant soin de bien pilonner la terre autour de la tôle. En outre, les fils conducteurs doivent être soudés sur les tôles ou réunis entre eux au moyen de serre-fils. Chaque pôle constitué par une, deux, trois ou quatre plaques est relié au moyen d'un fil conducteur aérien avec l'autre pôle. Ce conducteur repose sur des isolateurs fixés à des poteaux placés de distance en distance et hauts de 4 archines pour ne pas gêner les travaux. Pour vérifier le fonctionnement de l'installation et la force du courant, les conducteurs des plaques d'un même pôle sont unis, à l'aide de serre-fils, avec les conducteurs aériens du pôle opposé. On peut aussi réunir tous les éléments entre eux.

J'ai dressé les deux tables suivantes, destinées à indiquer les variations de courant mesurées à la boussole Eliott. Dans la table n° 1 la force du courant est celle de tous les éléments réunis entre eux, soit par leur chaîne, soit au moyen de serre-fils. Dans la table n° 2 la chaîne est coupée et les serre-fils sont enlevés. (Dans ces expériences les électrodes sont *Fer-Fer*).

Table n° 1 (13 juin 1907)

N°ˢ des éléments. Electrodes : fer-fer	Indications de la boussole Eliott.	
	Chaîne fermée	Chaîne coupée
N. 1.	66°	34°
2.	61°	40°
3.	74°	53°
4.	72°	60°

Table n° 2 (27 juillet 1902)

	Chaîne fermée	Chaîne coupée
1.	75°	18°
2.	68°	55°
3.	77°	46°
4.	79°	64°

Naturellement, la force des courants ainsi obtenus est très faible ; mais, si l'on tient compte de leur durée, qui peut être de plusieurs mois, on comprendra que cette action, faible il est vrai, mais constante cependant, ne doit pas être sans exercer une influence sur les plantes. D'ailleurs, s'il fallait des faits, je citerais les expériences que j'ai entreprises à Choisy-le-Roi et à Paris. Cette action lente du courant dans le sein de la terre, cette électrolyse souterraine agissant sur les sels insolubles du sol, parviennent à les transformer, à les rendre solubles et partant, comparables à de véritables engrais.

Chaque élément galvanique doit être soigneusement *dépolarisé*. On dépolarise en interrompant le courant pendant 24 heures. Enfin les électrodes doivent être nettoyées de temps en temps.

EMPLOI DE L'ÉLECTRICITÉ ATMOSPHÉRIQUE

Si l'on désire obtenir une installation plus perfectionnée, capable d'utiliser l'électricité atmosphérique, on peut procéder ainsi que je vais l'indiquer. Mais, laissez-moi invoquer, une fois encore, le nom du professeur Lemstroëm. Ce dernier a prouvé que l'électricité atmosphérique jouait un rôle très favorable dans la croissance des plantes. Or, comment peut-on arriver à capter l'électricité atmosphérique ? La nature, par les organes de ses végétaux, nous sert de modèle. Imitons donc la nature. Servons-nous de pointes pour capter le bienfaisant fluide. — Ceci dit, je reviens à mon installation perfectionnée. Si je fais passer au-dessus des conducteurs aériens qui relieront mes éléments terreux des fils hérissés de pointes conformément au dispositif de la fig. 3, j'utiliserai donc une nouvelle modalité électrique. Pour avoir une circulation du courant par le fil à pointe, on le mettra en communication avec la terre. Enfin, la force de ce courant sera mesurée au moyen de la boussole Eliott. Au cours d'installations importantes, j'ai été amené à me rendre compte du dégagement considérable d'ozone qui se produisait dans le voisinage des fils. Je remarquai même une lueur sur les pointes et, par deux fois, au moment où la tension atmosphérique était très forte, je m'aperçus que les fils à pointes devenaient rouges et commençaient à fondre. Pour éviter, à l'avenir, de semblables accidents, j'ai introduit et disposé, au milieu de cette installation, un condensateur mis en contact avec tous les fils conducteurs de l'électricité atmosphérique. (Voir C fig. 3). Ce condensateur doit travailler automatiquement et empêcher, dès qu'elle se produit, la naissance d'une tension trop forte. Voici sa description. (Voir fig. 5).

Sur un disque de verre *a* sont posées deux tôles de cuivre, une en haut et l'autre en bas. A la tôle d'en haut est soudé un cône *b*, à la tôle d'en bas un bondon *c* qui sert à emmancher et à maintenir le condensateur sur une perche *k*. La régularisation du courant se fait à l'aide d'un excitateur *p*, au moyen duquel on peut augmenter ou diminuer la distance entre la pointe de la vis et la tôle supérieure, de sorte qu'en déchargeant le condensateur on peut avoir une étincelle plus ou moins longue. Il est donc possible de régler l'appareil de façon que la tension de l'électricité atmosphérique ne vienne pas détruire toute l'installation.

RÉSULTATS

Permettez-moi de vous communiquer certains résultats de mes expériences.

Mes essais sur *fèves* ne m'ont donné aucun résultat.

En ce qui concerne les *pommes de terre*, l'application de l'électricité m'a demandé beaucoup de précautions.

M. Reisert, en Allemagne, a fait l'analyse du moult de vin provenant de *vignes* électrisées et a constaté une augmentation appréciable de sucre.

Enfin les *betteraves* se trouvent fort bien du traitement électrique ainsi que nous l'avons constaté au cours des expériences faites à Choisy-le-Roi, chez M. Bourguilleau, et dans le Jardin des Plantes de Saint-Pétersbourg.

J'aurais voulu donner les résultats complets de l'installation *cotonnière* que j'ai faite au Turkestan, dans le pays de Fergana, chez les frères de Korzinkin, mais les champs de contrôle furent placés, par les gérants de la propriété, dans des conditions tellement favorables, tant au point de vue des engrais qu'au point de vue arrosage, qu'il m'est impossible de déduire de ces essais un enseignement précis. Néanmoins, je dois signaler que les arbustes de coton provenant du champ électrisé étaient plus fortement développés, présentaient beaucoup plus de boutons et bien avant ceux des champs de contrôle. Aussi, Messieurs, je me demande pourquoi la Russie qui dépense plus de *100 millions de roubles* par an pour l'achat du coton étranger ne chercherait pas, grâce aux procédés de la culture électrique, à cultiver, non seulement le coton qui lui assurerait son nécessaire, mais encore à alimenter une partie de l'Europe. En effet, le nord du Caucase, le sud de la Russie et même les bords du Volga seraient des terrains très favorables à la culture cotonnière fertilisée par l'électricité. Aussi, j'estime que cette question de l'électroculture du coton doit être considérée par tout Russe comme une question d'Etat.

En ce qui concerne l'application de l'électricité à *l'arboriculture*, je pense qu'elle peut être employée à la condition de se servir des éléments terreux (électricité voltaïque) et de l'électricité atmosphérique surtout quand les arbres fruitiers sont jeunes. Il y a lieu de tenir compte aussi, je crois, que l'ozone produit par l'électricité atmosphérique détruit tous les champignons qui causent tant de maladies aux plantes petites et grandes. En appliquant le traitement électrique aux *jeunes vignes*, on doit obtenir d'excellents résultats. Je ne puis affirmer que le *phylloxéra* disparaisse sous l'action de courants électriques très forts, mais je crois qu'en travaillant longtemps avec des courants de faible intensité on pourra parvenir à donner aux racines de la vigne une force, un développement et une croissance tels qu'elles seront à même de résister à tous les assauts du terrible insecte. Je recommande de traiter les *potagers* de la même manière que les champs. Enfin, on peut électriser des *plantes* cultivées dans des pots ou dans des vases en introduisant dans le récipient deux tôles, une en fer et l'autre en zinc et en réunissant les deux pôles par un conducteur. L'électrode zinc peut même être remplacée par une électrode en coke.

A titre documentaire, je rappellerai que ma méthode et mes procédés ont été expérimentés en France, dans le nord de l'Italie, aux Pays-Bas et en Russie, dans les gouvernements de Koursk, Voronéze, Charkow, Kiew et dans le pays de Fergana, au Turkestan.

D'ailleurs, M. Basty, notre sympathique secrétaire général, dans sa belle et savante conférence a, hier, relaté, devant vous, certaines expériences basées sur ma méthode et sur celle de M. Spechnew dont les résultats ont été le plus généralement favorables.

Je crois utile, non seulement de mentionner ces faits, mais encore de faire ressortir devant vos yeux les résultats *d'analyses* auxquelles je me suis livré tant sur le *sol* que sur certaines *plantes*.

1° Analyses du Sol

1re Expérience

au bourg Smiela (gouvernement de Kiew) dans la propriété du comte de Bobrinsky

a) *Sol proprement dit*

	Champ de contrôle.	Champ électrisé.
Teneur en eau (H^2O)	2.88 °/°	4,09 °/₀
Substances solubles après la calcination	0,064	0,044
Oxyde de potassium (K^2O). . . .	0,0078	0,0013
Chaux (CaO).	0,011	0,019
Acide phosphorique (P^2O^5) assimilable.	0,033	0,030
Azote assimilable (dans les limites de l'erreur).	»	»

b) *Sous-sol*

	Champ de contrôle.	Champ électrisé.
Teneur en eau (H^2O)	2,68 °/₀	2,72 °/₀
Substances solubles après la calcination	0,044	0,046
Chaux (CaO).	0,0165	0,019
Acide phosphorique (P^2O^5) assimilable	0,019	0,009

2e Expérience

a) *Sol proprement dit*

	Champ de contrôle.	Champ électrisé.
Teneur en eau (H^2O).	2,90	4,09
Substances solubles après la calcination	0,042	0,04
Oxyde de potassium (K^2O) . . .	0,0077	0,0027
Chaux (CaO)		
Acide phosphorique (P^2O^5) . . .	0,011	0,010
Azote assimilable dans les limites de l'erreur	0,036	0,025
		4,1677 °/₀

b) *Sous-sol*

Teneur en eau (H²O)	2,81	4,36
Substances solubles après la calcination	0,046	0,061
Oxyde de potassium (K²O) . . .	»	»
Chaux (CaO)	0,026	0,050
Acide phosphorique (P²O⁵) . . .	0,028	0,028
		4,499

2° **Analyses de Plantes**

cultivées au Jardin des Plantes de Saint-Pétersbourg

1° BETTERAVES (*Premier essai*)

	Eau.	Matière sèche.	Sucre.
Betteraves d'un champ non électrisé	85,467 °/₀	14,633	9,151
Betteraves d'un champ électrisé	84,011	15,987	9,405

(*Deuxième essai*)

Betteraves d'un champ non électrisé	85,424	14,576	8,933
Betteraves d'un champ électrisé	83,990	16,010	9,416

2° POMMES DE TERRE

		°/₀ de la matière sèche.	Poids spécifique.
Perle précoce	d'un champ non électrisé.	15.437	1,057
	d'un champ électrisé .	15,333	1,509
Early Rose	d'un champ non électrisé	17,491	1,069
	d'un champ électrisé .	16,975	1,066
Président prince de Souvaroff	d'un champ non électrisé	16,593	1,062
	d'un champ électrisé .	16,339	1,063
Mogon Bonom	d'un champ non électrisé	17,341	1;073
	d'un champ électrisé .	17,299	1,071

CONCLUSION

Messieurs, je ne veux pas terminer cette conférence sans appeler particulièrement l'attention de mon auditoire sur les faits suivants :

1° L'emploi de l'électroculture, dans les latitudes septentrionales, semble donner des résultats inférieurs à ceux obtenus dans les latitudes méridionales, mais cette constatation est plus apparente que réelle.

2° J'ai constaté, qu'après un certain nombre d'électrisations, l'*humidité* du sol était parfois double de celle du champ témoin. Si ce fait se contrôlait toujours, on voit donc de quelle importance serait cette conséquence de l'électrisation du sol, puisqu'il serait permis de préserver celui-ci de la sécheresse. Mais, en revanche, et comme conséquence de cette observation, il y aurait peut-être lieu de proscrire le traitement à l'électricité dans les terrains marécageux, par exemple, chez nous, à Saint-Pétersbourg, et, au contraire, de l'appliquer dans les environs de Tzarskojé-Selo.

3° Il arrive parfois, au début des expériences, que les végétaux se développent mal : l'aspect des plantes électrisées est peu séduisant. Parfois cet état dure trois ou quatre semaines, puis tout change et ce sont alors les plantes électrisées qui deviennent plus belles que celles du champ de contrôle. Voilà donc pourquoi je conseille à tous de prendre patience et de ne pas médire de l'Electroculture avant de l'avoir mise fort longtemps en pratique.

Beaucoup de personnes, et même certains savants, prétendent que l'Electroculture doit fatalement nuire aux plantes et même tuer complètement celles-ci. Les nombreuses années que j'ai passées à étudier cette intéressante question, les essais auxquels je me suis livré, sous toutes les latitudes, m'autorisent à leur donner le plus ferme démenti. Qu'ils essaient donc et emploient les courants de faible tension ou de haute tension, mais de haute fréquence, et ils verront.

D'autres disent que l'Electroculture n'est encore qu'une méthode empirique et partant peu scientifique. Soit. Bénéficions-en d'abord, il sera toujours temps de l'étudier plus tard au point de vue strictement scientifique..... si nous en avons le temps.

Gramme et Edison étaient des hommes de génie, ce n'étaient pas des scientifiques.

Mais, si l'homme de science veut bien donner la main à l'homme de génie, s'ils s'entr'aident mutuellement, le progrès marchera plus vite !

Procédés E. Pilsoudski

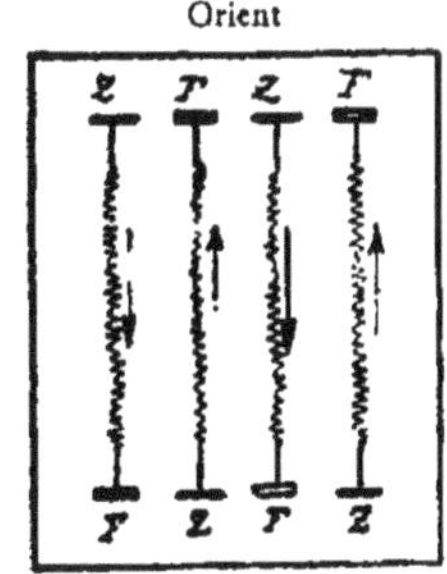

Figure 1.
Dispositif des Éléments terreux.
Plan.

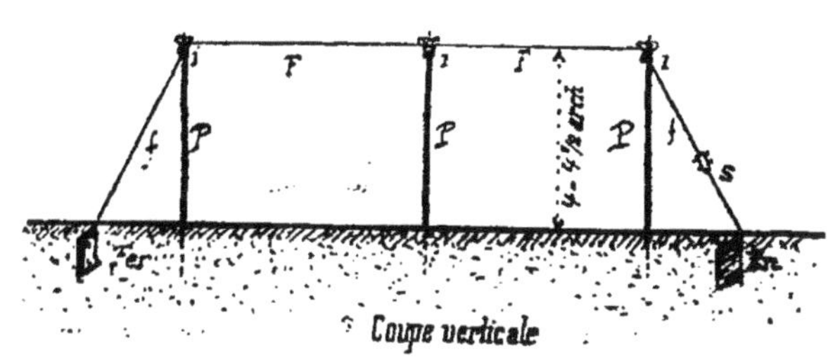

Figure 2.
P, porches; i, isolateurs; S, serre-fils ; F, conducteur aérien.
f, fil réunissant un pôle au conducteur ; Z et Fer, plaques.

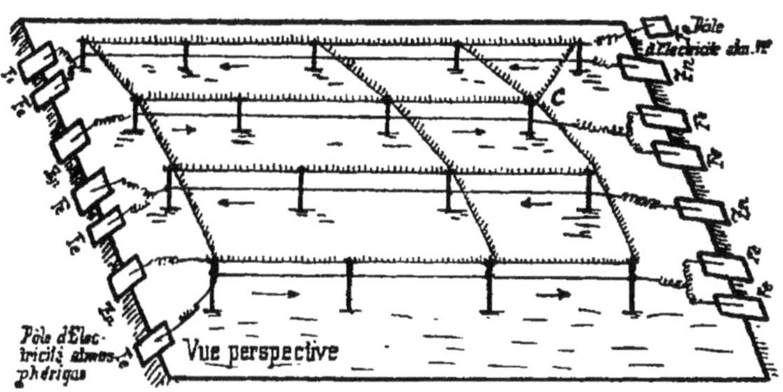

Figure 3.
Installation complète. — Utilisation des Electricités atmosphérique et Voltaïque.
C, Condensateur automatique.

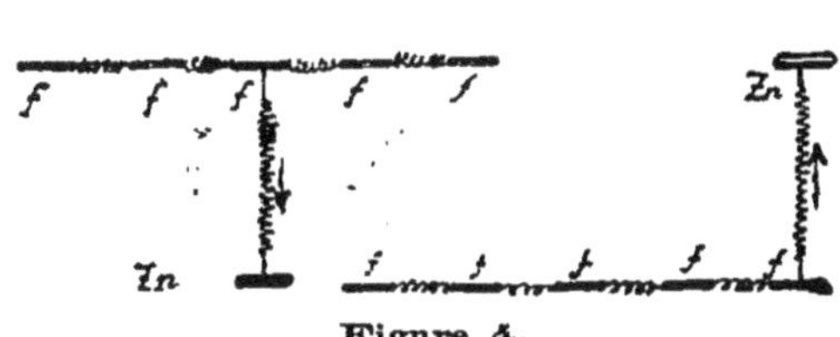

Figure 4.
→ Sens du courant; f, f, électrode; Zn, électrode.

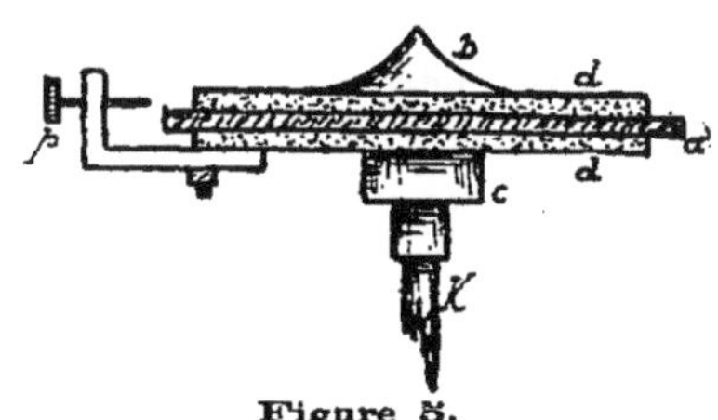

Figure 5.
Condensateur.
a, disque de verre; b, cône; c, bondon; dd, plaques
de cuivre; p, excitateur; x, perche.

Allocution de M. F. Basty

Secrétaire Général du Congrès

MESSIEURS,

M. le colonel Pilsoudski m'ayant demandé de venir dire, devant vous, ce que je pensais de sa méthode de fertilisation électrique, emploi combiné des électricités voltaïque et atmosphérique, je le ferai avec d'autant plus de plaisir que pressé, hier, par l'heure, j'ai dû passer sous silence une partie, pour ne pas dire la plus grande partie, de mes résultats personnels.

Or, dans ces résultats, un certain nombre sont relatifs — non pas au procédé Pilsoudski, que j'ai peu expérimenté, suffisamment cependant pour en parler en connaissance de cause — mais aux procédés Spechnew qui en sont très proches parents.

Les électrodes Spechnew sont constituées par des plaques Zinc-Cuivre, les électrodes Pilsoudski par des plaques Zinc-Fer ou Fer-Fer. Voilà toute la différence.

Pendant huit ou neuf ans, j'ai employé le procédé Spechnew en le modifiant dans la *forme* des éléments Cuivre-Zinc et dans la *disposition* des conducteurs aériens.

Voici les résultats obtenus au 27 août 1909, avec ce procédé, relativement au développement et à la récolte de certaines plantes :

Soissons influencés	hauteur des tiges. .	2 m., 850
— témoins.	—	1 m., 750
Radis soumis aux plaques (semés le	hauteur des tiges. .	0 m., 130
10 juillet)	longueur des racines.	0 m., 145
Radis non soumis aux plaques et	hauteur des tiges. .	0 m., 065
semés à la même date	longueur des racines.	0 m., 075
Orge influencée	hauteur des chaumes.	0 m., 840
	poids du grain . . .	0 m., 640
Orge non influencée.	hauteur des chaumes.	0 m., 810
	poids du grain. . .	0 gr., 570

En 1910, à la même époque, les résultats furent les suivants :

Moutarde électrisée	hauteur.	0 m., 800
	récolte en vert (graines)	0 k., 400
Moutarde témoin	hauteur	0 m., 600
	récolte en vert (graines)	0 k., 340

Soissons électrisés . . . . récolte	cosses	. .	o k., 435
	graines	. .	1 k., 215
Soissons témoins . . . . récolte	cosses	. .	o k., 220
	graines	. .	o k., 740

Excusez-moi, Messieurs, de tant insister sur ces résultats, mais étant donnée la grande similitude des deux méthodes, j'estime que le procédé Pilsoudski peut et doit donner des résultats aussi avantageux que ceux que je viens de vous indiquer. D'ailleurs, je vais donner connaissance à mon honorable confrère d'une communication qui va lui causer, je l'espère, le plus grand plaisir.

Avant le congrès, nous avons, M. Silbernagel et moi, fait de pressants appels auprès des spécialistes en Electroculture, les priant de vouloir bien nous adresser des communications sur tout ce qui pouvait nous intéresser ou nous fournir des indications nous permettant de sortir de la période de recueillement, de tâtonnements dans laquelle, hélas, nous stagnons depuis..... trop longtemps.

Or, parmi les trop rares correspondants qui ont bien voulu faire un effort, en nous adressant le compte rendu de leurs essais, de leurs travaux, je dois signaler M. Prost, ingénieur du canal de Carpentras.

Voici, Messieurs, le résumé de sa communication :

M. le Lieutenant-Colonel Eydoux, aujourd'hui général de division, chef de la mission militaire française en Grèce, ayant fait part à M. Prost d'expériences d'électroculture basées sur la méthode Pilsoudski et dont il avait pu apprécier les résultats à Choisy-le-Roi, dans la propriété de M. Keudel, incitèrent notre correspondant à tenter 3 essais.

1er Essai. — PROPRIÉTÉ EYDOUX à LORIOL.

L'expérience eut lieu sur une vigne ; mais elle n'a pu être, malheureusement, poursuivie jusqu'à la vendange.

Néanmoins, il a été constaté que la floraison avait été plus belle que celle des vignes voisines, non soumises au traitement voltaïque.

2me Essai. — VIGNE LOVAL A ALTHEM-LES-PALUDI.

Les cinq rangées traitées étaient situées de chaque côté d'une fosse d'assainissement. Habituellement, elles produisaient moins que les rangées avoisinantes et la vendange se faisait quelques jours plus tard.

Ici encore, la floraison fut avancée de 8 jours et la vendange put se faire en même temps dans les deux parties de la vigne.

3me Essai. — CHAMP DE BETTERAVES A CARPENTRAS.

Enfin dans un champ de betteraves soumis à l'influence électrique, on constata que la grosseur des betteraves influencées était notablement supérieure aux betteraves témoins.

Ce fait fût contrôlé par MM. Loval et Aymard, président et trésorier du Comice agricole de Carpentras. Malheureusement, ici encore, il ne fut fait, au cours des expériences, ni pesée, ni analyses qualitative et quantitative.

Voilà, Messieurs, fidèlement rapportées, d'une part mes expériences personnelles, faites d'après un procédé identique à celui de M. Pilsoudski, et, d'autre part, celles de M. Prost faites en suivant fidèlement ce procédé lui-même.

Puissent ces témoignages vous inciter à entreprendre immédiatement, et pour le plus grand bien de la science en général et de l'agriculture en particulier, des expériences nombreuses ; car il ne faut pas nous le dissimuler, si nous avançons lentement, c'est que personne n'ose et ne veut entrer résolument et franchement dans la voie que nous indiquons, personnellement, depuis douze ans.

Recherches des effets de l'Electricité à courant continu

SUR LA

GERMINATION DES VÉGÉTAUX

Par M. François KÖVESSI

Professeur de Botanique et de Physiologie Végétale à l'Ecole supérieure des Mines et des Forêts de Selmeczbánya (Hongrie)

MESSIEURS,

Quelle est l'influence de l'électricité sur le développement des plantes ? Tel est l'objet de très anciennes recherches. On a observé l'influence de l'électricité atmosphérique dès le commencement du XVIIIe siècle. On a cherché l'effet de l'électricité statique artificielle depuis que Guéricke et Bose ont découvert la machine électrique à frottement (1744) et celle de l'influence des courants voltaïques depuis que Volta a construit sa première pile (1800). Depuis ces différentes époques plus de 350 auteurs se sont occupés d'élucider la question. Les résultats de ces études sont très discordants. Une partie des chercheurs a été enthousiasmée par les bons effets favorisant le développement et la fructification des plantes ; une autre partie, au contraire, a trouvé l'influence retardatrice et mauvaise. Enfin, il en est qui n'ont constaté aucun effet.

C'est depuis l'année 1907 que je m'occupe d'étudier l'influence de l'électricité sur le développement des plantes. J'ai fait des recherches dans mon laboratoire et en plein air. J'ai étudié l'influence de l'électricité sur la germination des graines ainsi que sur le développement successif des plantes herbacées et ligneuses, agricoles et forestières. La plus grande partie de mes études a porté sur le Blé (*Triticum sativum*). La germination et le développement assez rapide de cette plante se prête très bien aux recherches méthodiques et précises des phénomènes en question. Les résultats que j'ai obtenus, je les ai vérifiés et généralisés par des expériences exécutées sur d'autres plantes herbacées ou ligneuses et quelques Cryptogames : *Secale cereale, Avena sativa, Hordeum distichum, Vicia sativa, V. Faba, Stellaria media*, gazon naturel formé de Graminées diverses, *Abies alba, Picea excelsa, Pinus silvestris, P. nigra, Larix europœa, Robinia pseudacacia, Betula verrucosa, Tilia parvi folia, Fraxinus excelsior, Quercus pedunculata,* flore de Mousses naturelles et d'Algues d'espèces diverses, Champignons de genres divers.

Les expériences que j'ai faites dans les deux premières années n'ont été que des études préliminaires. Après en avoir trouvé les résultats généraux, je les ai recommencées et, depuis 1908, j'ai soumis la question à des recherches méthodiques. Depuis le commencement de mes études, j'ai fait jusqu'ici plus de 1100 expériences sur plus de deux millions de plantes herbacées et ligneuses. Dans ces recherches j'ai mesuré avec soin les facteurs physiques, chimiques et biologiques par des procédés et au moyen d'appareils de mesure d'une très grande précision. J'ai noté les valeurs de ces éléments, et au stade de développement le plus caractéristique, j'ai fait la photographie de chaque expérience.

Je me suis servi de vases de culture en porcelaine de 43 cm. sur 53 cm. ayant des bords de 7 cm., 5 de haut. Je les ai remplis de terre et j'ai semé les grains en lignes régulières de 1840 grains et j'ai arrosé convenablement. Les électrodes en platine de 1 cm., 5 sur 1 cm., 5 étaient à 47 cm. l'une de l'autre. J'ai préparé chaque expérience de façon que les conditions puissent être toujours comparables entre elles. Le seul facteur variable était celui dont je voulais connaître l'influence. Durant l'expérience, j'ai compté le nombre de grains germés et j'ai mesuré plusieurs fois la longueur de chaque plante. Ces données m'ont fait voir l'influence plus ou moins énergique de l'électricité sur le développement de la plante.

En plus de ces recherches de laboratoire, j'ai fait des recherches analogues en plein air, dans le sol naturel, mais sur une plus grande échelle.

L'énergie électrique a été fournie, suivant l'intensité et le potentiel désirés, par des piles Meidinger, des piles thermo-électriques, des accumulateurs et des machines dynamo-électriques.

Les résultats de mes recherches confirment les conclusions des auteurs qui ont trouvé une influence retardatrice. L'effet de l'électricité à courant continu est décidément nuisible à la germination des graines et au développement des plantes.

Les graines placées au voisinage des électrodes sur un espace plus ou moins grand ne germent pas, ou, si elles germent, leurs poussés sont chétives. L'effet est évidemment nuisible sur toute la surface du vase de culture, principalement sur la ligne située entre les deux électrodes.

J'ai constaté que l'électricité agit, même aux points correspondants d'expériences exécutées de façon analogue, d'une manière variable avec le changement des conditions.

Non seulement les facteurs principaux de l'électricité (potentiel, intensité, etc.), mais aussi les facteurs secondaires modifient les résultats ; aussi, tantôt, même au voisinage des électrodes, c'est à peine si l'on soupçonne l'effet de l'électricité ; tantôt, au contraire, toute la surface comprise entre les deux électrodes devient stérile.

J'ai réussi à déterminer définitivement les facteurs qui jouent différents rôles dans l'effet compliqué de l'électricité. Ce sont les suivants :

1° Les propriétés physiques de l'électricité : le potentiel et l'intensité du courant ; la conductibilité du milieu où la plante se développe ; la forme, la grandeur et la distance des électrodes ; la position relative de la plante ou d'une partie de la plante dans l'espace par rapport à la position des électrodes : la densité de l'électricité, le temps pendant lequel elle agit, etc., en somme : la quantité de l'électricité qui traverse la cellule.

2° Les facteurs physiques et biologiques qui influent sur la vie de la plante : la chaleur, l'humidité du sol et de l'air, la lumière et les autres conditions physiques de nutrition de la plante. La chaleur et l'humidité agissent non seulement par la modification des circonstances biologiques, mais par la modification de la conductibilité et d'autres facteurs électro-physiques du milieu de la plante.

3° Les matières chimiques qui servent d'aliment et forment le milieu de la plante jouent un rôle dans la conductibilité électrique, ou l'emplacement des lignes de force électriques.

4° Les matières chimiques qui se forment par la décomposition électrolytique, s'accumulent aux environs des électrodes et modifient la constitution physi ue chimique et biologique du milieu de la plante.

MESSIEURS,

Je ne peux pas entrer dans l'explication profonde et très compliquée, qui serait nécessaire pour bien comprendre les phénomènes qui dérivent de la variation de ces nombreux facteurs ennumérés ; le temps nous manque à ce sujet. Il faut que je présente mes expériences dans une forme tout à fait documentée et pleinement éclairée.

Je dois seulement remarquer ce qu'en nous basant uniquement sur la connaissance de ces facteurs énumérés, nous ne sommes capables ni de comprendre, ni de résumer les rapports de cause à effet de tous les phénomènes qui se produisent dans une recherche plus minutieuse. C'est pour cela, pensons-nous, que plusieurs chercheurs, outre les effets indirects de l'électricité, ont supposé qu'il existe des influences directes. Mais jusqu'ici l'expérience n'a pas réussi à en mettre une nettement en évidence. Je pense que l'expérience suivante prouvera avec précision un effet direct de l'électricité sur les plantes.

I. J'ai employé un vase de culture de 43 cm. sur 53 cm. ayant des bords de 7 cm., 5 de hauteur. J'y ai mis 6 kilogr. de terre absolument sèche. J'ai semé à la surface de la terre des grains de Blé. (*Triticum sativum*), en lignes régulières. Les électrodes de platine mesurant 1 cm., 5 sur 1 cm., 5 étaient placées à une distance de 47 cm. Après que le sol eût été arrosé de façon à contenir 50 % d'humidité, la couche de terre mesurait 4 cm. J'ai mis les vases dans une salle à la température de 18° à 20°. J'ai électrisé à 110 volts. L'intensité du courant traversant le sol était d'environ de 1/10 d'ampère. J'ai fait une expérience de contrôle dans les mêmes conditions, moins l'électrisation. Dans le cours de l'expérience, j'ai constaté les phénomènes décrits avec plus de détail dans ma publication précédente, c'est-à-dire : non germination des grains entre les deux électrodes et surtout autour d'elles, moindre développement des plantes, etc.

Après six semaines, au moment du ralentissement de la croissance des plantes, j'ai enlevé la partie supérieure de celles-ci, en ayant grand soin de ne pas toucher la terre. J'ai semé de nouveaux grains dans les mêmes lignes, et j'ai répété l'expérience de la même façon que la précédente, avec cette différence toutefois que je n'ai pas électrisé. J'ai opéré de la même façon pour l'expérience témoin. Dans le cours de cette expérience, j'ai constaté que les grains semés une nouvelle fois dans le sol précédemment électrisé ne germaient pas et que les plantes ne se développaient pas aussi bien que, dans le lot témoin. D'autre part, on pouvait voir clairement que les plantes se développaient mieux sans électrisation dans le sol non electrisé.

Six semaines après, quand la croissance des plantes se ralentissait, j'ai répété l'expérience en électrisant. J'ai constaté que les grains placés entre les électrodes germaient et que les plantes poussaient moins bien. La région stérile située dans les environs des électrodes était devenue plus grande. J'ai répété l'expérience six fois. Dans les première, troisième et cinquième, le sol était électrisé ; dans les deuxième, quatrième et sixième, il ne l'était pas. J'ai toujours constaté que les cultures électrisées étaient plus faibles que les cultures non électrisées qui lui succédaient, malgré la décomposition plus grande du terrain de ces dernières.

Il résulte de ces faits que l'électricité a une influence directe sur le développement des plantes.

II. Si nous voulons chercher les causes de l'effet direct de l'électricité, il faut nous baser sur les lois de l'électrochimie. Il faudrait donc supposer une influence décomposante de l'électricité analogue à celle qu'on constate sur les matières inorganiques. Mais nous ne pouvons faire cette supposition vu la nature semi-perméable de la membrane du protoplasma vivant. Pour vérifier la valeur de cette hypothèse, j'ai fait l'expérience suivante :

J'ai pris sept vases de culture en porcelaine de 43 cm. sur 53 cm. J'ai placé des électrodes en platine de 1 cm. 5 sur 1 cm. 5 à une distance de 47 cm. J'ai placé entre les deux électrodes, à 7 cm. de distance de chacune d'elles, une couche de 5 mm. de papier à filtrer chimiquement pur. J'ai semé sur ce papier, en quinze lignes équidistantes, 2400 grains de Blé, puis j'ai arrosé avec de l'eau distillée, de façon que l'eau arrivât jusqu'à la moitié de la hauteur des grains. De ces sept vases ainsi préparés, j'ai gardé l'un comme témoin et j'ai électrisé les autres au moyen d'un courant continu à 110 volts : le premier pendant 24 heures, le second pendant 2 jours, le troisième 4 jours, le quatrième 8 jours, le cinquième 16 jours, le sixième 32 jours, à la température de 15° à 20°. Au bout des temps indiqués ci-dessus, le courant était interrompu pour qu'on pût voir le changement provoqué par l'électrisation dans la puissance germinative des grains. L'expérience a été complétée par des mesures physiques et des analyses chimiques. A la fin des 1er, 2e, 4e, 8e, 16e et 32e jours, j'ai mesuré la conductibilité, j'ai analysé le liquide environnant les deux électrodes de chaque expérience et j'y ai recherché les matières électrolytiques des grains au moyen de réactifs reconnus assez sensibles. J'ai trouvé que la résistance du liquide s'est graduellement abaissée pendant la durée de l'électrisation. La sixième expérience, par exemple, a fourni après l'électrisation pendant 0, 1, 2, 4, 8, 16 et 32 jours, les résistances respectives suivantes : 275700, 14390, 12989, 10704, 11739, 12222, 14096 ohms, nombres qui nous indiquent que l'eau distillée a pris des matières électrolytiques des graines. En effet, les échantillons prélevés dans le voisinage des électrodes, à partir d'un ou deux jours d'électrisation, contenaient des matières minérales, indispensables à la plante. Aux environs de l'électrode négative, j'ai trouvé du *potassium,* du *calcium,* du *fer,* etc, etc. tandis qu'à l'électrode positive, il y avait des *acides phosphorique, sulfurique, nitrique,* etc. De plus, à partir de quatre à huit jours d'électrisation, les réactifs chimiques ont décelé *des matières albuminoïdes.* En outre, sur l'électrode négative de la 6e expérience, qui a duré 32 jours, j'ai trouvé vers la fin une masse solide formée de matières minérales, dont la plus grande partie se composait de *calcium,* de *magnésium,* etc.

L'accroissement en longueur des plantes diminuait selon la durée de l'électrisation, c'est-à-dire proportionnellement à la quantité des matières échappées de la plante par électrolyse. La puissance germinative des grains s'abaissait de la même manière. Dans les expériences où j'ai électrisé pendant 16 et 32 jours, les grains déposés sur la moitié du champ situé vers l'électrode positive ont perdu presque complètement leur puissance germinative.

En même temps que les autres lots, j'ai étudié le témoin, dont les plantes se développaient régulièrement. L'expérience, *disposée de la façon ci-dessus indiquée,* ne m'a permis de trouver dans l'eau distillée que des traces de *potassium* et de *phosphore* qui disparaissent de nouveau, absorbées par les racines ; aussi la résistance du liquide diminuait-elle beaucoup moins que dans les lots électrisés et, après les 1er, 2e, 4e, 8e, 16e et 32e jours, j'ai trouvé : 275700, 90000, 56670, 56000, 56000, 56000, 56000 ohms.

Ces données nous prouvent que, bien que les grains soient encore vivants, une partie de leurs matières électrolytiques et albuminoïdes a émigré sous l'influence du courant. Les pousses, à cause de la quantité de la matière manquante, deviennent moins vigoureuses que celles que des grains en bon état développent dans des circonstances analogues. Il est naturel que si la quantité d'électricité qui traverse une cellule, un grain ou une plante est assez grande, il se produira un état dans lequel s'échappe une partie assez considérable des électrolytes et des matières albuminoïdes ; ainsi les cellules s'épuisent, et la plante meurt. Le mauvais effet de cet épuisement électrolytique peut être aggravé ou contrebalancé par d'autres phénomènes déjà connus ou encore inconnus. On voit pourtant que c'est la plus forte raison pour expliquer l'effet nuisible du courant électrique continu sur les plantes.

III. L'expérience suivante nous présente des phénomènes encore plus clairs.

J'ai pris un vase de culture en porcelaine de 43 cm. sur 53 cm. avec le fond bien plan. J'ai placé des électrodes en platine de 1 cm. 5 sur 1 cm. 5 à une distance de 47 cm. J'ai marqué la place entre les deux électrodes à 7 cm. de distance de l'une et de l'autre, avec un crayon insoluble dans l'eau. J'ay semé sur la surface de 33 cm. sur 43 cm. ainsi déterminée 225 grammes de grains de blé de façon qu'ils se touchent légèrement les uns les autres ; puis j'ai arrosé avec de l'eau distillée, de façon que l'eau arrivât jusqu'à la moitié de la hauteur des grains. J'ay électrisé l'expérience au moyen d'un courant continu de 110 volts pendant 16 jours à la température de 15 à 20°. Durant ce temps, j'ai eu soin de remplacer, jour par jour, la couche d'eau amincie par l'évaporation. A la fin du 16ᵐᵉ jour au contraire en continuant l'électrisation j'ai laissé évaporer l'eau, j'ai fait ainsi déposer les composés échappés des grains sur le fond du vase voisin de l'électrode négative. La poussière ainsi assemblée se prête aisément à l'analyse chimique. On y trouve des matières électrolytes contenues dans les grains de blé en expérience.

Il faut seulement remarquer qu'il n'y est pas dans cette poussière toute la quantité des matières échappées des cellules des grains, par la raison très simple que les racines des plantes situées vers le milieu de la vase, qui sont moins attaquées, par le courant restaient en meilleure végétation, ont absorbées une partie plus ou moins grande de ces matières nutritives.

Il est presque superflu de répéter que les grains sur une surface très grande, située aux environs des électrodes surtout vers l'électrode positive, en raison de la matière nutritive manquant, ne germent pas, au contraire ils meurent, se flétrissent et deviennent légers. Ces faits confirment donc, de la façon la plus évidente, les données précédentes.

Par ces expériences sont décelés les faits suivants :

1° *Le courant électrique continu a non seulement une influence indirecte, mais aussi une influence directe sur les plantes vivantes ;*

2° *L'influence directe de l'électricité sur les plantes vivantes se base sur les phénomènes électrolytiques ;*

3° *La membrane protoplasmique, sous l'influence de l'électricité, perd sa nature semi-perméable et laisse échapper les électrolytes des cellules ;*

4° *Sous l'action de l'électricité, les matières albuminoïdes de la cellule se comportent à la façon des électrolytes ; leurs ions s'échappent de la cellule et se dirigent vers les électrodes positive ou négative conformément à leur nature électrolytique.*

Pour plus de détails, je me propose de publier ultérieurement mes études.

Emplois spéciaux de l'Électricité
dans les Industries agricoles

MESSIEURS,

Le rôle de l'Electricité en agriculture ne se borne pas seulement à accroître le rendement des récoltes en activant la végétation et à produire économiquement la force motrice nécessaire aux différentes machines de culture : elle est encore susceptible d'autres applications qu'il importe aux agriculteurs de connaître et de savoir mettre à profit. Les dépenses qu'elles nécessitent sont, en effet, peu élevées et, par un emploi judicieux, elles peuvent être la source de bénéfices importants. Il n'est donc pas sans intérêt de les étudier avec quelques détails.

I. — *Stérilisation des liquides et produits destinés à l'alimentation : eau, lait, beurre, etc.*

La stérilisation des eaux et des moyens pratiques de la réaliser économiquement intéresse au plus haut point les agriculteurs et les éleveurs. Elle est du reste nécessitée par les infiltrations malsaines qui avoisinent la plupart des exploitations agricoles et dues à la présence de matières contaminées : purin, déchets provenant de porcheries, fromageries, caséineries, etc.

Les procédés les plus connus et les plus employés actuellement ne sont pas exempts d'inconvénients et de défauts :

La *filtration simple* donne des résultats généralement mauvais ou tout au moins inconstants ; les filtres à bougie n'ont pas une sécurité suffisante ni un débit assez élevé.

La *stérilisation par la chaleur*, avec ou sans ébullition, est d'un prix élevé et nécessite des installations généralement compliquées. On sait du reste que dans l'eau en ébullition beaucoup de microbes sont seulement endormis et non tués ; en outre, le liquide perd la presque totalité de l'air qu'il tient en dissolution ou emprisonné ; il est ainsi d'une digestion difficile : on dit que l'eau est lourde.

Les *méthodes chimiques* (emploi des sels de manganèse, du sulfate d'alumine) présentent l'avantage d'être rapides, peu coûteuses et d'agir avec une grande efficacité. Leur seul inconvénient est de donner parfois à l'eau une teinte et un goût désagréables.

Quant aux *procédés mixtes*, qui résultent de l'emploi simultané des produits chimiques et de la filtration (sable et chlorure de chaux, sable et sulfate d'alumine), ils donnent de bons résultats au point de vue de la destruction des microbes, mais sont trop compliqués pour de petites installations et un usage journalier.

L'*ozone* ne peut s'appliquer utilement et économiquement que dans les grandes exploitations ou les usines centrales : elle nécessite en effet un matériel encombrant et coûteux et une surveillance à peu près constante. Les procédés actuels (Otto, Siemens et Halske, Andréoli, Abraham et Marmier, Séguy, Frise, Labbé, etc.) sont néanmoins des plus satisfaisants, à en juger par les grandes installations (usines de Saint-Maur, de Nice, d'Amsterdam) qu'ils ont permis de réaliser dans ces dernières années. Néanmoins de semblables installations ne sont pas possibles dans une ferme ni même dans une grande exploitation agricole où la conduite des machines n'est généralement pas confiée à des spécialistes.

*
* *

Nous arrivons aux procédés les plus en faveur actuellement, ceux qui utilisent les *rayons ultra-violets*. Ils ont déjà fait l'objet, non seulement de nombreuses expériences, mais aussi d'essais pratiques qui leur ont permis de lutter victorieusement avec les méthodes connues jusqu'à ces derniers temps. Toutefois pour faciliter la compréhension des appareils qui utilisent les rayons ultra-violets, il est nécessaire d'entrer dans quelques détails techniques relatifs à leur nature et à leur mode de production. La description des procédés imaginés pour les faire agir avec le maximum de rendement se comprendra ensuite plus facilement.

La lumière solaire, ou lumière blanche, qui nous éclaire et nous chauffe, n'est pas uniquement composée de rayons visibles, c'est-à-dire de ceux qui nous permettent de voir les objets situés autour de nous ; elle contient aussi des rayons invisibles, non perceptibles par notre œil, mais dont il est facile de démontrer l'existence par l'expérience suivante :

Faisons arriver un faisceau de lumière blanche sur un prisme et recevons sur un écran le spectre produit par la réfraction de ses différents rayons. Nous obtenons le spectre solaire classique avec ses différentes couleurs : violet, indigo, bleu, vert, jaune, orangé, rouge. Tous ces rayons sont nettement visibles sur l'écran. Certaines substances fluorescentes (éosine, fluorescéine, nitrate d'urane) deviennent lumineuses si on les place sur le trajet de ces différents rayons. Mais ce qu'il est curieux de constater au point de vue qui nous occupe, c'est que ces substances fluorescentes, invisibles dans l'obscurité, continuent à être lumineuses au delà du spectre, après le violet, c'est-à-dire dans une région où notre œil ne perçoit aucune couleur, aucune luminosité. C'est donc qu'il y a dans cette région des rayons analogues à ceux qui rendent lumineuses les substances fluorescentes dans la portion visible du spectre. Et, en fait, si nous promenons un tube rempli de nitrate d'urane dans l'*ultra-violet* (c'est ainsi qu'on désigne la région du spectre située au delà du violet), ce sel acquiert une fluorescence marquée, mais cette dernière cesse de se produire si nous continuons à déplacer le nitrate d'urane au delà de l'ultra-violet.

Eh bien, ces rayons ultra-violets sont doués de propriétés microbicides spéciales et que l'on peut mettre en évidence à l'aide d'une expérience très simple (fig. 1) :

On examine d'abord une goutte d'eau au microscope à la lumière ordinaire et sous un fort grossissement, 1.000 diamètres par exemple : on voit nettement s'agiter les nombreux microbes qui polluent cette eau ; il se meuvent dans toutes les directions indifféremment et sans manifester de préférence pour une région déterminée du milieu qui les abrite (fig. 1, I).

Cette même goutte d'eau est ensuite examinée de façon que la lumière qui la pénètre ne soit pas de la lumière blanche, mais que les rayons élémentaires de celle-ci (violet, indigo,... orangé, rouge) soient étalés le plus régulièrement possible sur elle, formant ainsi comme une série de bandes de couleurs différentes juxtaposées. Les diverses portions de la

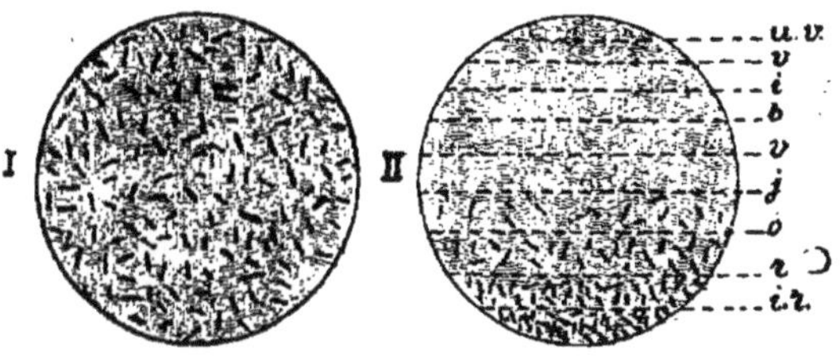

FiG. 1. — Action des différentes régions du spectre sur les bactéries. I, lumière blanche ; II, la même lumière décomposée en ses différentes couleurs : les bactéries fuient les régions violettes et ultra-violettes.

goutte d'eau examinée sont ainsi soumises à des rayons de nature différente : en effet, on constate que les microbes désertent rapidement les régions ultra-violettes et violettes et se précipitent vers l'orangé et le rouge, comme si ces régions étaient plus clémentes pour eux (fig. 1, II).

Le phénomène est comparable à celui qui se produirait pour nous si nous nous trouvions dans un milieu riche, d'une part en gaz irrespirable ou toxique (acide carbonique, oxyde de carbone), et d'autre part en oxygène. Ce dernier nous attirerait malgré nous pour le maintien de la vie.

Nous voilà donc en présence d'un fait acquis : les régions ultra-violettes du spectre solaire sont contraires à la vie microbienne dans les milieux aqueux. Ce que nous venons de dire s'applique en effet, non seulement à l'eau, mais à la plupart des liquides (lait, bière, vin, etc.) et il est possible de provoquer la disparition totale des microbes en ne faisant traverser ces milieux que par les rayons ultra-violets du spectre : ils sont immédiatement stérilisés [1].

Malheureusement, le spectre solaire n'est pas très riche en rayons ultra-violets, ou, pour mieux dire, ces rayons sont presque totalement absorbés par l'atmosphère. Le problème revient donc à trouver une source lumineuse artificielle contenant ce rayonnement en abondance. L'arc électrique au charbon, l'arc au fer et au titane, les tubes de Geissler permettent jusqu'à un certain point de résoudre la question. Mais c'est encore la lampe à vapeur de mercure qui donne les meilleurs résultats.

On sait que l'arc au mercure produit dans le vide au sein de longs tubes de verre émet une lueur verdâtre et blafarde utilisée pour certains éclairages spéciaux (serres, ateliers photographiques, tirage des bleus). Cette lumière est très économique et d'un très bon rendement. Cependant, il n'est pas possible d'utiliser ces lampes pour la stérilisation des liquides, car la matière qui contient la vapeur de mercure portée à l'incandescence, le verre, est opaque pour les rayons ultra-violets [2] ; mais une substance assez commune, le quartz (cristal de roche) laisse passer facilement ces rayons. On est donc amené à l'utiliser, malgré la difficulté de sa fabrication.

La préparation des tubes de quartz s'effectue à l'aide de fragments de cette substance que l'on fond d'abord à une haute température (1.800 à 2.000°) à l'aide d'un four électrique, puis que l'on travaille au chalumeau oxhydrique. On obtient ainsi des tubes très transparents, exempts de bulles d'air, inattaquables par les acides, insensibles aux variations brusques de température et pouvant prendre toutes les formes possibles. Les progrès réalisés depuis peu dans leur fabrication permettent d'espérer que leur prix sera considérablement diminué dans quelques mois.

Le premier appareil imaginé dans le but d'utiliser ces lampes pour la stérilisation de l'eau est représenté par la figure 2. Il comprenait, en principe, un tube de quartz *t* contenant le gaz raréfié destiné à produire les radiations ultra-violettes et en communication avec une source d'énergie électrique *ab*. Ce tube est noyé dans le liquide à stériliser. Le récipient A dans lequel circule celui-ci est en verre ou en toute autre substance non susceptible d'introduire de nouveaux germes dans le

1. De l'eau de Seine contenant 20 millions de bactéries par litre et coulant à raison de 5 litres par minute est complètement stérilisée au fur et à mesure de son écoulement sous l'influence des radiations ultra-violettes.

2. Au point de vue de l'emploi des lampes à vapeur de mercure pour l'éclairage, il est heureux qu'il en soit ainsi : les rayons ultra-violets sont, en effet, non seulement microbicides, mais très dangereux pour les yeux.

liquide après sa stérilisation ; il communique par le tube *l* avec la conduite principale d'arrivée de ce liquide. Le robinet *r* règle la vitesse d'écoulement de celui-ci : le robinet *s* sert à son déversement dans le récipient choisi.

Un grand nombre de dispositifs ont été imaginés dans ces derniers temps en vue de rendre cet appareil plus pratique et utilisable aussi bien dans les petites que dans les moyennes et grandes installations.

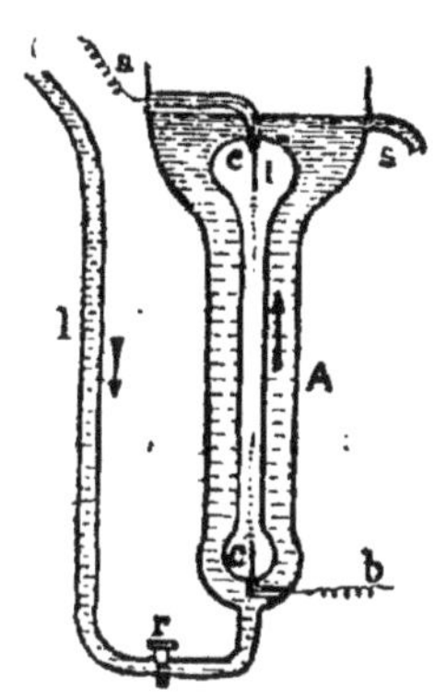

FIG. 2.
Appareil simple pour la stérilisation électrique des liquides.

Sans nous attacher à la description de tous ces dispositifs, nous mentionnerons seulement ceux dus à Courmont et Nogier, Billon-Daguerre, Recklinghausen, Heilbronner, Berlemont, Poulenc, ceux de la Société Westinghouse, de la Société « l'Ultra-Violet » et des Etablissements Lacarrière.

Quelles que soient les caractéristiques de ces divers instruments, ils se signalent tous par des qualités appréciables : un prix d'achat relativement faible, un nettoyage facile et une consommation très réduite de courant électrique. La stérilisation est complète, ils ne nécessitent que très peu de surveillance et, en cas de réparations, sont entièrement démontables.

Un grand nombre de laiteries françaises et étrangères sont actuellement pourvues de ces appareils qui leur rendent de sérieux services notamment pour le rinçage de bouteilles. A l'Isle-sur-Sorgues (Vaucluse), à Saint-Malo, à Choisy-le-Roi, près de Paris, à Marseille (Compagnie des Eaux), d'importantes installations de stérilisation par ce procédé ont été effectuées également dans ces derniers mois en vue de la stérilisation de l'eau destinée à l'alimentation des villes.

Il n'est peut-être pas inutile d'ajouter que les eaux les moins faciles à stériliser sont celles qui contiennent le plus de matières minérales insolubles : sables, silicates, grains divers. Ces matières, en effet, si microscopiques soient-elles pour notre œil (quelques millièmes de millimètre de diamètre), constituent de véritables rochers pour les bactéries de l'eau qui s'abritent derrière elles dès qu'elles soupçonnent la présence d'un ennemi. Cet ennemi c'est le rayonnement ultra-violet du tube à stérilisation qui ne peut donc atteindre ces bactéries que si on oblige l'eau à suivre un parcours compliqué, c'est-à-dire à mettre les microbes en contact avec les rayons microbicides. En perforant ainsi le liquide dans toutes les directions, le rayonnement rend finalement celle-ci complètement stérile.

Le dispositif représenté par la fig. 3 remplit les diverses conditions qui viennent d'être énoncées. L'eau ordinaire arrive dans l'appareil E par un large tuyau *t*, puis contourne le tube à vapeur de mercure I à l'aide de chicanes qui allongent son parcours. Stérilisée immédiatement, elle s'échappe de l'appareil par une tubulure latérale *i* qui la conduit dans un réservoir où elle peut être puisée à volonté. Au cas où, pour une raison quelconque (court-circuit dans la canalisation, mauvais fonctionnement de l'interrupteur, etc.), le tube à mercure viendrait à

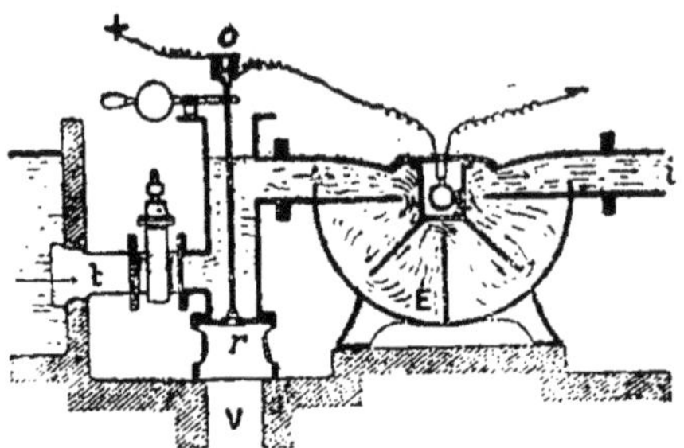

Fig. 3. — Appareil pour la stérilisation de grandes quantités d'eau par les rayons ultra-violets : Coupe schématique.

s'éteindre et risquerait ainsi d'introduire dans le réservoir une certaine quantité d'eau non stérilisée, on fait usage d'un dispositif mettant l'appareil à l'abri de cet inconvénient. Il comprend simplement un interrupteur *o* placé en série avec le tube à vapeur de mercure I et commandant une soupape de vidange *r*. Si à un moment ou à un autre le tube s'éteint, immédiatement l'interrupteur *o* cesse lui-même d'être en circuit et la soupape de vidange *r* s'ouvre, permettant ainsi à l'eau qui circule dans l'appareil (eau non stérilisée) de se rendre directement dans la conduite d'écoulement des eaux V et de là à l'égout.

Stérilisation du lait et du beurre. — Parmi les procédés actuels de conservation et de stérilisation du lait, il faut citer ceux qui utilisent le froid (congélation du lait), la chaleur (pasteurisation), les antiseptiques (eau ozonisée). Le lait desséché ou en poudre tend aussi à se répandre de plus en plus dans le commerce.

Ces différents procédés ne sont pas exempts d'inconvénients : ils sont généralement coûteux, exigent des installations compliquées et nécessitent de longs traitements. De plus, ils sont absolument illusoires lorsque le lait, en vue d'être livré à la clientèle, doit être ensuite renfermé dans des bouteilles mal lavées ou nettoyées avec une eau quelconque contaminée, comme cela se produit fréquemment dans les campagnes.

On sait depuis longtemps qu'un courant électrique traversant du lait contenu dans un récipient et dans lequel plongent deux électrodes de charbon retarde sa fermentation. On a cherché depuis à stériliser ce liquide comme on le fait pour l'eau. Malheureusement le lait se laisse plus difficilement traverser que celui-ci par les rayons ultra-violets en raison de son opacité relative. Cependant des expériences récentes ont démontré qu'on pouvait arriver à de bons résultats en prenant la précaution d'agir sur de faibles épaisseurs de liquide.

En 1909, M. Billon-Daguerre arriva à stériliser des quantités suffisantes de lait en opérant à l'aide des différents procédés suivants :

1° En faisant couler le lait lentement sur une glace légèrement inclinée, les rayons étant émis par une lampe à arc (15 ampères et 50 volts) placée au-dessus de la table ; cette lampe possédait des électrodes de composition spéciale donnant une lumière riche en rayons violets et ultra-violets ;

2° En plaçant le lait dans des récipients en verre violet de tonalité déterminée et en les exposant à la lumière blanche.

Cette méthode [1], qui permet de tuer en cinq ou six secondes seulement le *staphylococcus aureus*, présente l'avantage de stériliser à froid et à distance.

Les expériences de V. Henri et Stodel ont été effectuées d'une part sur du lait largement infecté avec du bouillon de culture [2], des bouillons de coli, de bacilles lactiques, de phléole, l'addition des bouillons ayant été faite à la fois à du lait préalablement stérilisé à 115° et à du lait ordinaire. D'autre part, ces savants ont étudié la stérilisation du lait naturel acheté dans le commerce. Un grand nombre d'essais ont montré de façon absolument certaine que l'on obtient une stérilisation complète du lait par l'action des rayons ultra-violets sans avoir une élévation sensible de température. Ce procédé présente en outre l'avantage d'éviter les mauvais effets de la stérilisation par la chaleur.

Au point de vue de l'industrie beurrière proprement dite, il convient de signaler les essais concluants de MM. Dornic et Daire effectués sur des produits soigneusement contrôlés avant et après les expériences.

On sait que la rancissure rapide et prématurée du beurre est due à de nombreux microbes [3] qui proviennent plus de l'eau qui sert au lavage des récipients contenant le lait que de celui-ci. Les récipients qui sont utilisés pour le délaitage du beurre sont aussi une source de microbes quand ils sont mal nettoyés.

Dans le but d'arriver à des résultats dénués de toute erreur expérimentale, MM. Donic et Daire ont fabriqué du beurre par les procédés habituellement employés à la laiterie coopérative de Surgères [4]. Les échantillons de beurre témoins, lavés à l'eau ordinaire, se sont montrés nettement rances après huit jours de conservation à la température normale et sans aucune précaution spéciale. Les beurres provenant des

1. A. BILLON-DAGUERRE, *Comptes rendus de l'Académie des Sciences*, 1er mars 1909, t. CXLVIII, n° 9, p. 542.

2. VICTOR HENRI et E. STODEL, *Comptes rendus de l'Académie des Sciences*, 1er mars 1909, t. CXLVIII, n° 9, p. 582.

3. Il faut citer principalement : *B. fluorescens liquefaciens, Oidium lactis, Micrococcus acidi lactici Kruger, B. microbutyricus liquefacieus, B. prodigiosus, Cladosporium butyri, Streptothrix chromogena, Penicillium glaucum.*

4. DORNIC et DAIRE, *Comptes rendus de l'Académie des Sciences*, 2 août 1909, t. CXLIX, n° 5, p. 354.

mêmes crèmes et des mêmes fabrications, mais lavés avec de l'eau traitée par les rayons ultra-violets, ont été considérés comme frais de deux ou trois jours un mois après leur préparation, ce qui prouve l'efficacité de la méthode. Normalement, cette dernière permet d'augmenter de trois semaines, en moyenne, la durée de conservation des beurres.

Ces résultats sont d'un grand intérêt pratique, car, d'après leurs auteurs, ils se rapporteraient à une fabrication industrielle journalière de 400 kilogs de beurre.

Il ne paraît pas, dans l'état actuel de la question, qu'il y ait possibilité de stérilisation directe du beurre par les rayons ultra-violets, en raison de son opacité et aussi de l'odeur et du goût de suif qu'il acquiert presque instantanément au contact de l'ozone produit par les tubes à mercure. Il semble en être de même, quoique à un degré moindre, pour la crème.

Nous devons ajouter que la stérilisation directe du lait par la lampe à mercure fait actuellement l'objet d'études sérieuses au sujet de la limite possible d'action de ses rayons sur les microbes de ce produit. On a constaté en effet que les rayons ultra-violets agissant pendant un certain temps sur une même quantité de lait peuvent détruire, non seulement les microbes nuisibles, mais ausssi les microbes utiles, tels que ceux de la fermentation par exemple. De nouveaux essais sont donc nécessaires pour limiter l'action de ces rayons au seul rôle de destructeurs des bactéries nuisibles et par suite dangereuses dans les produits destinés à l'alimentation.

II. — *Traitement électrique des alcools, vins et autres liquides comestibles en vue de leur rectification ou de leur vieillissement.*

On sait que les alcools, tels qu'ils sont généralement fabriqués, renferment un certain nombre de composés organiques d'odeur désagréable, entre autres des aldéhydes qui leur donnent un mauvais goût. Cette déshydrogénation partielle de l'alcool le rend impropre à la consommation et la distillation simple ne permet pas de le débarrasser complètement de ces produits. Aussi a-t-on imaginé et essayé plusieurs autres procédés dans le but d'arriver à des résultats satisfaisants en tous points.

Le *procédé Naudin* consiste à soumettre les liquides alcooliques à l'électrolyse avant leur distillation, au moyen d'un couple zinc-cuivre. Pendant l'opération, il y a transformation rapide des aldéhydes en alcool par hydrogénation et la distillation est dès lors possible.

Naudin a perfectionné son procédé en additionnant les flegmes, complètement désinfectés, d'un millième environ d'acide sulfurique et en soumettant le mélange à l'électrolyse. L'opération s'effectue dans un appareil en verre muni de deux tubulures à sa partie inférieure et fermé hermétiquement à sa partie supérieure ; les deux tubulures possèdent des robinets destinés à la prise des échantillons pour le contrôle de la marche de l'opération. Les flegmes arrivent dans l'appareil à l'aide d'un tube central percé de trous dans toute sa longueur. Deux lames de platine constituent les électrodes d'arrivée et de sortie du courant.

Une fois l'électrolyse jugée suffisante, le liquide est envoyé dans une cuve contenant de la grenaille de zinc destinée à saturer l'acide sulfurique introduit au début ; de là, il passe dans un rectificateur dont il sort complètement purifié.

Ce procédé est des plus économiques, car il donne de l'alcool à 15 %, environ meilleur marché que celui obtenant la rectification par distillation simple.

Le *procédé Eisemann* agit par oxydation au moyen d'un courant d'ozone ; il n'a pas encore été appliqué industriellement.

C'est aussi au moyen de l'ozone que s'effectue le *vieillissement* artificiel par le *procédé Broyer*. Le gaz est produit par l'effluve électrique et agit par barbotage sur les eaux-de-vie à traiter. Pour donner des résultats satisfaisants, l'opération nécessite plusieurs contacts successifs du liquide et du gaz oxydant.

Le *procédé Pilsoudsky*, qui a fait l'objet d'importants essais en Russie, repose également sur l'emploi de l'ozone, mais dans des conditions telles que celui-ci n'agit pas par simple contact, par frottement mécanique si l'on peut ainsi s'exprimer, mais par réaction chimique [1]. Il est donc utile de pouvoir le produire au sein même du liquide à traiter.

Dans ces conditions, l'amélioration et le vieillissement se produisent d'une façon très satisfaisante grâce à la destruction des microbes et parasites, origine des fermentations secondaires. La formation des éthers, qui contribuent à donner aux vins leur bouquet, se réalise très rapidement. Les vins artificiels ne supportent pas ce traitement, ainsi qu'il est logique de le supposer, de sorte qu'il est ainsi facile de les reconnaître. Au contraire, les vins naturels, de qualité moyenne, se trouvent améliorés en l'espace de quelques heures et dans une si grande proportion qu'ils peuvent être confondus avec les vins vieux de qualité supérieure dont il ont du reste l'arome et la finesse de goût.

L'appareil Pilsoudsky comprend (fig. 4) un tonneau A contenant le liquide *m* (alcool, eau-de-vie, vin) à rectifier ou à vieillir et deux électrodes de nature différente, E et E'. L'électrode inférieure E se compose d'un

---

1. Les premiers appareils imaginés par cet inventeur comprenaient, d'une part, un ozonateur (cylindre creux armé intérieurement de pointes et tige axiale munie également de pointes) produisant le gaz nécessaire à l'opération, et, d'autre part, un récipient contenant le liquide à rectifier ou à vieillir. Les résultats obtenus dans ces conditions sont irréguliers, parfois défectueux et l'opération fort longue. De plus, l'ozone produit est en quantité insuffisante en raison de la faible proportion d'oxygène (provenant de l'air extérieur) que peut traverser l'ozonateur par rapport à sa capacité.

certain nombre de tuyaux en fer nikelé *t*, entre-croisés et munis de petites ouvertures O. Cette électrode communique, par l'intermédiaire d'un fil conducteur *f*, avec l'un des pôles d'une source électrique à haute tension T (bobine ou transformateur) ; c'est aussi par elle qu'arrive l'oxygène provenant du récipient R et qui passe à travers le liquide *m* après s'être échappé par les trous O.

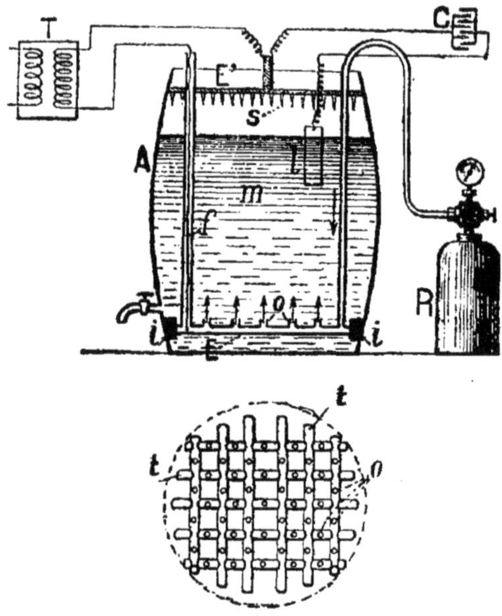

Fig. 4. — Appareil Pilsoudsky pour le vieillissement artificiel des alcools.

L'électrode supérieure E' est formée d'un disque métallique en communication électrique avec l'autre pôle de la bobine T et muni de nombreuses pointes S (nickel, cuivre) jouant le rôle de détecteurs de décharges obscures.

Dès que l'appareil est en fonctionnement, il s'échappe des effluves des pointes S. Comme l'influence électrique se manifeste à travers toute la masse liquide *m*, les électrodes E et E' en constituant les limites extrêmes, l'oxygène qui arrive des ouvertures O se trouve rapidement transformé en ozone.

Suivant la nature du liquide traité, on peut du reste faire varier la distance des pointes S de sa surface, de même que la tension du courant, la pression et la quantité d'oxygène introduite dans le liquide.

L'électrode inférieure E peut être fixée aux parois du tonneau A à l'aide de tampons de bois ou de caoutchouc *i*, ou reposer sur des supports de verre.

Le condensateur C, alimenté par la bobine T, sert à faciliter les traitements de grandes quantités de liquide sans l'emploi d'une deuxième bobine. Dans ce but, il est relié électriquement à une électrode l plongeant dans le liquide.

D'après Pilsoudsky, une installation dont le prix de revient est de 6.000 roubles (22.000 fr. environ), peut traiter environ 10.000 litres de vin par jour, l'amélioration de la qualité de celui-ci étant presque décuplée par ce traitement.

La durée de l'opération varie cependant suivant la nature et l'origine des vins. Ainsi, le vin blanc se rectifie et se vieillit parfaitement en une heure ; le vin rouge exige deux heures ; le madère, de trois à quatre heures.

Au début de l'opération, pendant quelques minutes, le vin manifeste comme une sorte d'inertie ; il semble même perdre momentanément son arome, puis il se bonifie graduellement. On arrête le traitement lorsqu'on juge l'amélioration sensible, par comparaison avec d'autres vins jouant en quelque sorte le rôle de témoins.

Il faut cependant prendre garde de ne pas prolonger trop l'opération, car, à partir d'une certaine limite, il y a destruction partielle des principes utiles. C'est uniquement la pratique qui sert de guide dans la conduite et la longueur du traitement.

L'installation qui vient d'être décrite étant assez encombrante, il est possible, sans avoir recours à des appareils coûteux et de grandes dimensions, d'arriver à des résultats aussi satisfaisants en utilisant des dispositifs plus simples.

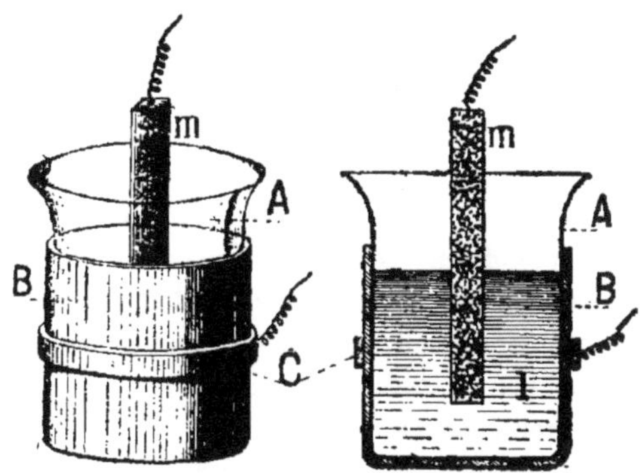

Fig. 5. — Dispositif simple pour le traitement électrique des vins et des alcools.

Celui qui est représenté par la figure 5 répond à ce but et présente en outre l'avantage d'être portatif. Il se compose d'un vase en verre A de 100 litres environ de capacité et contenant le liquide à traiter l. Extérieurement, ce vase est recouvert d'une feuille épaisse de papier de plomb entourée sur une partie de sa surface par un anneau métallique C relié au pôle d'une machine électrique. L'autre pôle de la machine communique avec une tige de charbon (coke aggloméré ou charbon de cornue) plongeant dans le liquide.

Ainsi combiné, cet appareil constitue un véritable condensateur, une bouteille de Leyde dont le liquide sera traversé par le courant à des intervalles très rapprochés tant que la machine électrique fonctionnera.

Pour le traitement d'une grande quantité de liquide, on peut accoupler plusieurs de ces appareils, comme on le ferait avec des piles.

Les alcools et les vins ne sont du reste pas les seuls liquides qui peuvent être ainsi traités et améliorés. Les huiles se ressentent également, d'une façon heureuse, du traitement électrique ; on a constaté, en effet, que la plupart des huiles devenues rances, soit par une conservation défectueuse, soit par suite de leur qualité médiocre, perdent de 20 à 30 °/₀ de leur aigreur en moins de cinq minutes si on les soumet au traitement précédent.

III. — *Autres applications.*

Destruction des insectes nuisibles. — Il est facile de détruire les insectes qui existent dans le sol, à la surface, et même sur les arbres, en les électrocutant pour ainsi dire, soit par une décharge statique, soit par·un courant de voltage suffisant.

Les premières expériences tentées dans ce but ont été effectuées en Allemagne. En enfonçant dans le sol et à une certaine distance l'une de l'autre deux plaques de cuivre ou de charbon réunies à une source de courant, on voyait les vers, les limaces, les insectes de tout genre s'éloigner hâtivement de leur habitat dès que le courant passait. Ils se comportaient, au contraire, d'une façon absolument normale lorsqu'on interrompait le circuit.

L'appareil Lokaciejinski utilise les courants à haute tension. Il est monté sur un chariot, afin de pouvoir être facilement transporté au lieu d'utilisation, et comprend une bobine d'induction alimentée par une petite dynamo ou des accumulateurs. Si l'on emploie une dynamo, celle-ci peut être mise en marche au moyen d'engrenages faisant corps avec le chariot. Un rhéostat permet de faire arriver dans le primaire de la bobine un courant plus ou moins intense.

Les électrodes du circuit secondaire à haute tension se terminent : l'une par une tige métallique que l'on peut enfoncer dans le sol, ou par un balai de contact s'il s'agit du traitement d'un arbre ; l'autre par une triple dérivation aboutissant à une large plaque métallique terminée par un balai frotteur, dans le genre de ceux des collecteurs de dynamos.

Cet appareil peut fournir un courant d'une intensité très faible, soit o amp. 000 0005, sous une tension de 500.000 volts. Pour l'utiliser, il suffit de le placer à l'endroit même à purifier, puis d'enfoncer dans le sol la tige métallique en communication avec le secondaire et de faire avancer lentement le chariot : sous l'action des décharges à haut potentiel, tous les insectes situés sur leur passage sont immédiatement détruits et il n'en résulte que des avantages au point de vue de la structure et du développement des végétaux. S'il s'agit d'un arbre à traiter, on fait communiquer l'un des pôles avec la terre, et, avec l'autre pôle terminé par un balai, on frotte la surface à nettoyer : les résultats sont les mêmes que dans le sol.

Cette méthode a été appliquée aussi à la destruction du phylloxéra. Le procédé Fuchs, qui a été expérimenté en grand à Genève, en différents points de l'Allemagne et à l'île d'Elbe, consiste à utiliser le courant d'une dynamo. Les résultats obtenus ont montré que les souches peuvent être traversées par des courants de haut voltage sans aucun préjudice pour elles, et que l'électricité, loin de nuire à la vigne, était au contraire favorable à son développement. En opérant dans des conditions normales de sol et de sève, il est possible de tuer le phylloxéra après une ou plusieurs applications du courant électrique.

L'entretien de la vigne au moyen de l'électricité constituerait un grand avantage, car elle ne représente que la moitié environ de ce que coûte la reconstitution. Malheureusement, les procédés électriques ne garantissent pas l'immunité des plants ainsi traités. L'agriculteur se trouve donc dans l'obligation de recommencer l'opération chaque fois qu'il soupçonne la présence du phylloxéra. La question demande donc de nouvelles études.

Blanchiment électrique des farines. — La plupart des farines possèdent une teinte légèrement jaunâtre qui diminue leur valeur commerciale. Cette teinte est due à certaines matières contenues dans la graisse de la farine. Depuis longtemps on a remarqué que celle-ci blanchit en vieillissant. L'exposition au soleil ou le traitement par le peroxyde d'azote aboutissent au même résultat en transformant les composés jaunâtres en composés incolores.

En 1898, Frichot a proposé de hâter le blanchiment au moyen de l'air ozonisé. Depuis cette époque, l'emploi de l'air soumis à des décharges électriques a donné des résultats industriels si couronnés de succès qu'on l'a utilisé en grand dans la pratique. De nombreuses expériences ont démontré que le blanchiment électrique des farines n'altère en aucune manière leur valeur alimentaire. Il ne diffère des procédés anciens que par le mode de préparation des composés agissant sur ces dernières : on a en effet constaté que l'air atmosphérique, transformé de cette manière, contient un mélange de peroxyde d'azote et de traces d'ozone.

La figure 6 représente l'appareil Alsop, très employé actuellement en Angleterre et aux Etats-Unis pour cet usage. Il comprend deux paires d'électrodes *a* et *b*, renfermées chacune dans un tube qui aboutit à une conduite C débouchant dans un tambour T contenant la farine à traiter. Les électrodes inférieures *a* sont fixes, tandis que les électrodes supérieures *b*, mobiles à l'extrémité de tiges à glissières *t*, peuvent être alternativement éloignées et rapprochées des électrodes inférieures à l'aide d'un double levier L et d'une manette. Les deux groupes d'électrodes sont reliés à une dynamo M dans le circuit de laquelle se trouve une bobine de self-induction S.

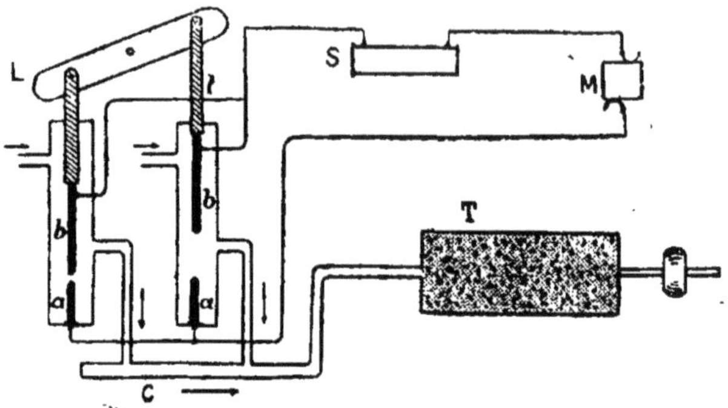

Fig. 6. — Appareil pour le blanchiment électrique des farines.

Il suffit d'examiner la figure pour se rendre compte que, par la manœuvre du levier L, des arcs se forment successivement entre les deux groupes d'électrodes. L'air entourant ces arcs se transforme en composés nitrés et en ozone et arrive par la conduite C dans le tambour T. Celui-ci possède la forme hexagonale et est muni intérieurement de palettes qui brassent la farine pendant sa rotation, de sorte que la matière est pénétrée dans toutes ses parties par les produits destinés à la blanchir.

Le rôle de la bobine de self-induction est d'accroître la différence de potentiel aux bornes des électrodes et d'engendrer ainsi des étincelles plus puissantes, d'où un meilleur rendement en produits actifs. Chaque fois que le courant se ferme à travers un groupe d'électrodes, un court-circuit se produit dans l'appareil et la bobine S est excitée ; elle restitue ainsi la puissance emmaganisée au moment de la rupture de l'arc.

Au sortir de l'appareil, la farine possède la couleur blanche désirée et sans aucun amoindrissement de ses propriétés nutritives. Au contraire, celles-ci se trouvent augmentées, ainsi que l'ont démontré les analyses. Celles que nous donnons ci-dessous se rapportent à deux échantillons prélevés dans le même sac et dont l'un a subi le traitement électrique.

CORPS CONSTITUANTS	Farine brute non traitée	Farine traitée électriquement
Eau	9.84 °/₀	10,13 °/₀
Amidon.	74,11	62,24
Substances grasses.	0,62	0,62
Cendres et poussières . . .	0,44	0,30
Parties nutritives	14,99	26,71

Il résulte de ces analyses que l'augmentation des parties nutritives est de 11,72 % de la composition totale, gain dû à la diminution de l'amidon et des poussières. Cette transformation présente un grand avantage : celui de produire par la cuisson un pain meilleur, la transformation du pain tendre en pain rassis donnant de nouveau naissance à de l'amidon dont la valeur nutritive est peu élevée.

On a constaté en outre que la farine traitée électriquement contient o gr. 075 d'azote par gramme de matière, tandis que la farine ordinaire n'en renferme que o gr. 054. Cette addition d'azote, qui se manifeste par une augmentation des matières nutritives, tient évidemment aux réactions chimiques produites par le contact de l'air ionisé et de la farine traversée par cet air. Le traitement électrique n'a donc pas pour unique résultat de blanchir les farines, mais aussi de les purifier et d'accroître leur valeur alimentaire.

Extraction de la caséine du lait. — Par les nombreux débouchés qu'elle a trouvés depuis quelques années dans l'industrie [1], la caséine peut être une source de revenus pour les éleveurs et les agriculteurs. Elle est utilisée, en effet, non seulement pour l'alimentation de l'homme (fromages nommés caillebottes) et des animaux, mais aussi comme engrais, pour la clarification des boissons (cidres) et pour l'encollage du papier et des tissus (imperméabilisation). Une de ses dernières applications est la fabrication de la *galalithe* (ETYM. : pierre de lait), encore appelée *lactoforme* et *lactite* et utilisée coucurremment au celluloïd et à l'écaille pour la confection d'objets de moulage.

La galalithe possède des qualités importantes : elle est ininflammable, très malléable, facile à mouler, constitue un isolant électrique parfait et peut ainsi remplacer le celluloïd dans la plupart de ses usages. Sa fabrication repose sur le traitement de la caséine comprimée par le formol et d'autres composés organiques.

Etant donné ces importantes propriétés, il est donc intéressant de pouvoir obtenir la caséine économiquement et suffisamment pure en vue de ses différentes applications. L'électricité peut intervenir dans cette préparation. On sait en effet depuis longtemps qu'un courant électrique traversant une masse de lait, dans certaines conditions, permet la séparation presque instantanée de la caséine.

Dans le procédé Gateau, l'opération s'effectue de la façon suivante :

Une cuve remplie de lait écrémé et porté à la température du 80° renferme en son milieu un vase poreux contenant une solution de soude caustique à 5 % dans laquelle pénètre une cathode en fer. Dans le lait plonge une tige de charbon servant d'anode ; les deux électrodes sont distantes de 10 centimètres environ.

En faisant traverser l'appareil par un courant tel que la densité à l'anode

1. JEAN ESGARD, L'utilisation industrielle de la caséine animale et végétale (*La Technique Moderne*, 15 janvier 1913.

soit de 1 ampère par centimètre carré, l'acide phosphorique contenu dans le lait est entièrement libéré et la caséine se précipite. Avec un courant de 160 ampères sous 11 volts, on peut, en 20 minutes seulement, isoler complètement la caséine de 100 litres de lait écrémé.

La soude caustique contenue dans le vase poreux peut être remplacée par un égal volume de petit-lait provenant d'une opération précédente. Les électrodes sont disposées de la même façon. Un courant de 160 ampères sous 18 vols permet de précipiter en 10 minutes la caséine de 100 litres de lait écrémé.

Cette méthode présente trois avantages importants :

1° Le rendement est très élevé, le poids de caséine précipitée étant plus grand que celui obtenu par les procédés habituels à l'aide d'acide ou de présure ;

2° Le prix de revient est très faible, la dépense en énergie electrique étant plus faible que celle en acide ou en présure. La dépense de courant diminue surtout lorsque celui-ci est produit par un moteur hydraulico-électrique ou un moteur éolien combiné à une dynamo, comme cela se pratique de plus en plus dans l'industrie agricole ;

3° La caséine ainsi fabriquée ne possède aucune impureté, les éléments étrangers ne pouvant pénétrer dans le liquide puisque la précipitation s'effectue par le seul jeu de l'action électrolytique du courant.

Eclairage et chauffage. — L'éclairage électrique des fermes est très économique lorsqu'on possède déjà une dynamo destinée à fournir la force mécanique. Lorsque celle-ci n'est utilisée que pendant le jour, on peut employer pour l'éclairage une batterie d'accumulateurs qui se charge pendant les périodes de non-utilisation en absorbant l'excédent de force. L'avantage est important, car ce moyen permet de faire fonctionner la machine motrice à pleine charge, ce qui augmente son rendement, et de profiter de l'éclairage électrique au moment où elle est au repos, c'est-à-dire lorsqu'elle ne dépense rien. Aucune surveillance n'est nécessaire dans ce cas, les accumulateurs donnant seuls la lumière nécessaire. Ce système est donc des plus pratiques et, de plus, très économique, puisqu'en agriculture la lumière et la force motrice ne s'emploient que très peu simultanément.

Il est cependant des cas où les travaux de récolte doivent être poursuivis la nuit. Rien n'est plus facile alors que d'installer des supports de lampes, comme cela se pratique pour les poteaux télégraphiques, et d'y placer les lampes à arc ou à incandescence. Cet éclairage facilite sensiblement le travail. On l'a essayé dans plusieurs grandes exploitations agricoles et on n'a eu qu'à se louer des résultats. Du reste, non seulement le champ à moissonner peut être éclairé ainsi, mais aussi les moissonneuses et les autres machines agricoles. L'avantage de cette innovation se fait surtout sentir dans les pays où il est nécessaire d'emmaganiser promptement les récoltes

en raison des perturbations atmosphériques subites que l'on a si souvent
à redouter.

Pour le choix des lampes, il est difficile de se prononcer : les arcs comme
les ampoules à incandescence ont leurs défenseurs et leurs détracteurs.
Notre avis est que, dans l'intérieur des bâtiments de ferme, on peut se
contenter des lampes à incandescence, qui donnent une lumière plus
stable et sont moins sujettes à des avaries que les arcs. Dans les champs,
ces derniers peuvent avoir logiquement la préférence en raison de leur
grande puissance lumineuse et des perfectionnements atteints aujourd'hui
dans la construction des régulateurs. Dans leur installation, leur hauteur
au-dessus du sol doit être calculée de façon que les cônes lumineux engen-
drés par les rayons émis par les différents foyers se pénètrent bien mutuellement de manière à ne laisser sur le sol aucun point d'ombre.

Le chauffage électrique, parfaitement possible et économique lorsqu'on
possède une source d'énergie électrique, présente des avantages appréciables. Les serres qui nécessitent une température constante quoique
facilement réglable peuvent l'utiliser avec profit. De même, il permet de
réaliser l'incubation artificielle d'une façon beaucoup plus certaine que
n'importe quel autre procédé.

Enfin, les expériences d'électroculture par les effets combinés de la
lumière artificielle, de l'électrisation et de la chaleur deviennent pratiquement possibles. En faisant varier l'un ou l'autre de ces facteurs, on est en
possession de données certaines sur la marche des essais et les résultats
sont dénués de toute erreur due à des coefficients accidentellement
variables.

Abatage des arbres. — Les machines à abattre les arbres par commande
électrique sont déjà nombreuses. L'appareil le plus répandu est constitué
par une tarière animée d'un mouvement simultané de va-et-vient et de
rotation ; elle est actionnée par un électro-moteur monté sur un chariot.
L'instrument tourne autour d'un axe vertical et peut se fixer à volonté au
tronc de l'arbre. On commence par faire une saignée atteignant le milieu
de l'arbre, puis on répète la même opération de l'autre côté : l'arbre est
ainsi promptement abattu.

Le procédé Gantke consiste à entourer le pied de l'arbre à couper d'un
fil d'acier fixé par ses deux extrémités à deux câbles. L'ensemble constitue
une sorte de fil sans fin mis en mouvement par un moteur électrique qui
imprime au fil un mouvement alternatif ou circulaire très rapide. Le frottement de ce fil contre le bois échauffe celui-ci et le carbonise en partie, de
sorte que l'usure se produit aussi bien par le frottement que par la destruction pyrogénée de la matière.

Les principaux avantages de ce procédé sont les suivants :

1° Il permet d'installer le moteur et le mécanisme de commande du fil
à une grande distance de l'arbre à abattre, c'est-à-dire hors de la région ren-
due dangereuse au moment de la chute de l'arbre ;

2° Il est très rapide, l'abatage d'un arbre de $0^m,30$ de diamètre ne demandant pas plus de deux minutes avec un fil faisant 1.500 oscillations par minute ;

3° Il est peu coûteux et permet d'être employé même dans les régions où les arbres sont très rapprochés ; il permet également de couper ceux-ci très près du sol ;

4° Il est utilisable pour le débitage des troncs abattus, que ceux-ci soient placés verticalement ou horizontalement. Comme les surfaces de section produites par le fil sont carbonisées, elles évitent la pourriture du bois et le protègent contre les insectes lorsqu'il doit séjourner pendant un certain temps à l'air libre.

Dissipation électrique des brouillards. — C'est à Sir O. Lodge que l'on doit d'avoir constaté le premier, il y a une quinzaine d'années, l'influence exercée par l'électricité sur la dispersion des brouillards et des fumées. Son appareil comprenait une machine statique dont l'un des pôles était à la terre ; l'autre pôle se terminait par une sorte de peigne dirigé vers le ciel. Sous l'action des décharges à haute tension, les particules liquides et solides en suspension dans l'air subissent l'action de la pesanteur et se résolvent à l'état de pluie.

Depuis ces premières constatations, la dissipation électrique des nuages et des fumées a fait l'objet de nombreux essais par suite de l'intérêt qu'elle présente pour les agriculteurs et les viticulteurs. On a pu ainsi se rendre compte que les minuscules portions de matière qui forment les brouillards sont en équilibre instable dans l'air et qu'un choc quelconque, mécanique ou électrique, pouvait les faire tomber vers le sol. C'est ce qui a bien lieu, en effet, et l'on constate que la condensation se produit dans une sphère ayant pour centre l'extrémité du câble où aboutissent les effluves et dont le rayon est d'autant plus grand que la tension électrique est plus élevée. L'effet résultant, c'est-à-dire l'atténuation du brouillard, est d'autant plus net que la décharge ou les effluves sont plus intenses.

Sir O. Lodge a pu ainsi dissiper des brouillards épais dans un rayon de 60 mètres environ à l'aide d'appareils situés à 25 mètres environ du sol. Le dispositif employé consiste en une batterie alimentant le primaire d'une bobine d'induction ou d'un transformateur. Une extrémité de l'enroulement secondaire est reliée, par l'intermédiaire d'une série de redresseurs, à l'armature d'une bouteille de Leyde ; l'autre extrémité est réunie à une deuxième bouteille de Leyde par l'intermédiaire d'une seconde série de redresseurs. Les armatures extérieures communiquent entre elles électriquement. Les conducteurs vont des bouteilles aux déchargeurs, qui consistent en pointes ou en ronces métalliques embrassant l'espace où l'on veut dissiper le brouillard. L'un des deux déchargeurs communique électriquement avec le sol ; l'autre est dirigé vers le ciel.

On a constaté que les brouillards contenant de la fumée ou des poussières étaient plus facilement dissipés que les brouillards uniquement aqueux. Ce fait résulte sans doute de ce que les poussières, en général, conduisent mieux l'électricité que la vapeur d'eau ; elles s'électrisent aussi plus facilement, sont attirées par le radiateur et, projetées au loin, électrisent par contact les particules voisines en même temps qu'elles attirent les globules de vapeur d'eau en suspension dans l'air.

M. Dibos a ainsi obtenu de très bons résultats se manifestant par des éclaircies de 130 mètres de diamètre à l'aide d'antennes placées à 25 mètres au-dessus du sol. Depuis ces premières expériences, on a construit plusieurs modèles de ces radiateurs, qui permettent de dissiper en quelques secondes des brouillards très épais à une centaine de mètres de distance. On peut employer, comme radiateurs, soit de simples tiges métalliques, soit, de préférence, un faisceau divergent de ces mêmes tiges. Quelle que soit la source d'électricité, l'un de ses pôles est relié à un radiateur placé au sommet du mât par l'intermédiaire de câbles isolés ; l'autre pôle est relié, soit à la terre, soit à un autre radiateur.

Au point de vue de l'installation, ces appareils nécessitent peu de frais. On peut les disposer comme les lampes à arc servant à l'éclairage, c'est-à-dire à la partie terminale de poteaux suffisamment hauts. Pour obtenir un rayon d'action suffisant, il faut employer une source à haute tension. On y arrive facilement, soit en se servant du courant alternatif utilisé pour l'éclairage et en élevant sa tension au moyen de transformateurs, soit en employant un petit moteur mettant en marche une machine statique de puissance suffisante.

Applications diverses. — Nous ne ferons que mentionner les autres services que peut rendre l'électricité dans certaines industries ayant des attaches directes ou indirectes avec l'agriculture.

Nous avons indiqué précédemment les procédés de stérilisation des eaux par les rayons ultra-violets. Et bien, la connaissance de la *résistivité électrique des eaux* permet de juger leur état de pureté et de déterminer, au besoin d'avance, l'utilité de leur stérilisation.

La résistivité de l'eau, c'est-à-dire la résistance qu'elle oppose au passage d'un courant électrique pour une épaisseur donnée, varie en effet suivant son origine, sa composition, la nature des sels qu'elle tient en dissolution. Pour une même eau, la résistivité varie suivant sa pureté et la quantité de matières salines ou organiques qu'elle renferme à l'état permanent ou passager.

La mesure de cette résistivité permet donc, pour une eau connue et préalablement analysée, de reconnaître la constance de sa composition, et, par suite, sa contamination possible. Evidemment, elle ne fait pas connaître la nature des impuretés souillant cette eau ni leur proportion, mais elle est un critérium certain en faveur d'une variation quelconque dans sa composition.

Il existe plusieurs dispositifs pratiques permettant d'arriver à ce résultat. Le plus connu est celui de Kohlrausch : il consiste en un téléphone branché sur un circuit comprenant une pile et l'eau dont il s'agit de contrôler la pureté. Le tout est disposé de façon qu'à l'état normal, le téléphone rende un son donné et caractéristique. Si, à un moment quelconque, le son se modifie, c'est signe que l'eau a été polluée. Il est facile de se rendre compte ensuite, par l'analyse, quelle est la nature des impuretés introduites dans cette eau, au besoin de les doser, et de procéder à sa stérilisation.

Comme autre application importante de l'électricité, il faut citer l'*épuration des jus sucrés* qui se réalise pratiquement à l'aide d'un récipient rempli d'eau et au milieu duquel est placé un vase poreux. Ce dernier renferme une électrode en plomb ou en aluminium (métaux inattaquables) reliée au pôle positif d'une source d'énergie électrique et plongeant dans le jus à purifier. Le pôle négatif de la machine communique avec une électrode de fer ou de charbon plongeant dans l'eau contenue dans le récipient extérieur.

Dès qu'on fait passer le courant, l'épuration se produit : les matières albuminoïdes se coagulent, les sels se précipitent, et en peu de temps on obtient un liquide sucré complètement exempt d'impuretés. Ce procédé a été essayé et mis en pratique dans plusieurs sucreries et il n'a donné partout que de bons résultats : tout porte à croire qu'il se généralisera d'ici peu.

En terminant, nous mentionnerons simplement l'application de l'électricité dans le tannage, dans le blanchiment des matières textiles, l'imprégnation et la sénilisation des bois (procédés Baumartin), la fabrication de la cellulose et de l'acide acétique en partant du bois, enfin la désinfection des eaux d'égout.

Il n'est pas secondaire d'ajouter que toutes ces applications peuvent être également satisfaites dans une exploitation industrielle et agricole un peu importante. Les dépenses d'énergie qu'elles nécessitent sont en effet très variables et, presque toujours, les appareils sont en marche à des moments différents de la journée ; plusieurs ne sont même utilisés qu'à certaines époques de l'année. Il est donc parfaitement possible, avec une force mécanique et électrique limitée, de tirer un grand profit des multiples ressources que l'électricité met à la disposition des agriculteurs ingénieux et armés d'initiative.

JEAN ESCARD.

La Houille Blanche
et ses avantages au point de vue agricole

Par Etienne PACORET [1]

Les forces hydrauliques sont inépuisables

L'utilisation de l'énergie de l'eau courante est un problème de la plus haute importance, en ce sens que les chutes d'eau dureront autant que le soleil lui-même, alors que la houille noire a une durée dont la dernière heure n'est pas loin de nous. En effet, d'après des calculs autorisés, les mines anglaises seront épuisées vers l'an 2300 [2]. D'autre part, non seulement la houille des profondeurs ne se renouvelle pas, mais son extraction devient d'autant plus chère et d'autant plus malaisée que l'on s'enfonce plus avant dans les entrailles de la terre. Il semblerait donc que notre prévoyance doit s'attacher à formuler les mesures nécessaires pour éviter l'épuisement de nos mines noires en n'usant du précieux combustible qu'avec la plus stricte parcimonie. Mais nous ne saurions trop répéter que l'intérêt bien entendu des besoins de l'Humanité exige que l'on limite le plus possible l'emploi du charbon de houille aux industries autres que celles de la production de la force motrice, comme le chauffage, la fabrication du gaz de houille et surtout de la métallurgie. L'appareil hydraulique doit être non seulement envisagé comme un régulateur de la houille noire, mais comme devant remplacer cette dernière, en raison de ses immenses ressources. Pour l'instant, l'activité humaine a l'impérieux besoin d'user, sans gaspillage, des deux grandes sources d'énergie qu'une nature prévoyante a mise à sa disposition et dans la limite de leur zone d'action économique.

Pour arriver à un fonctionnement rationnel et économique, l'appareil hydraulique a d'ailleurs, et dans beaucoup de cas, à cause de son régime saisonnier, besoin de recourir à l'énergie du charbon. De là l'usage, dans les mines blanches, de machines thermiques destinées à parer au déficit de la puissance hydraulique.

---

(1) Auteur de la *Technique de la Houille Blanche et des Transports d'énergie électrique.*
(2) On a évalué que les gisements de gaz naturel et de pétrole en Amérique seraient épuisés dans environ 125 ans.

L'agriculture est directement intéressée au succès de la *houille blanche* pour les bénéfices qu'elle retire des grandes industries qui ont eu comme point de départ la mise en valeur des richesses hydrauliques, et qui sont : les grands réseaux d'énergie électrique tributaires des lignes à haute tension, l'électrification des lignes de transport et la fabrication des engrais électriques.

Différentes sortes de forces hydrauliques

Comme l'on sait, il y a plusieurs manières d'utiliser l'appareil hydraulique : la *Houille blanche* que caractérise l'emploi des hautes chutes ; la *Houille verte* qui fait appel aux « basses chutes » et la *Houille bleue* qui a en vue l'utilisation de la force des marées. Dans toutes ces branches, au point de vue de la captation de l'énergie, des progrès incessants et immenses ont été accomplis, mais l'avantage au point de vue économique, est aux hautes chutes.

Nous nous occuperons donc plus spécialement de l'aménagement de ces dernières.

Un jour viendra où l'on mettra en valeur toutes les ressources hydrauliques, si petites et si coûteuses que seront leurs captations ; mais pour l'instant, comme on a le choix, l'ingénieur et l'industriel se préoccupent surtout du prix de revient de l'énergie à produire et des débouchés à trouver pour l'utiliser.

Régimes des cours d'eau

En effet, les statistiques suggèrent la possibilité de créations plus nombreuses qu'on n'en pourrait faire avec chance de succès. Ce qui réduit ces chances, ce sont d'une part les dépenses d'aménagement et d'autre part le débit d'étiage qui vient limiter, même les plus belles chutes, à une fraction souvent faible, 1/4 à 1/2 et souvent bien moins encore du débit moyen.

Dans les installations où le débit moyen du cours d'eau a une durée d'environ 9 mois durant le cours de l'année, on peut suppléer à la faiblesse du régime, pendant les trois mois du débit d'étiage, en recourant à une réserve thermique. De cette façon, on obtient une puissance à peu près constante que l'on utilise en partie à des emplois très rémunérateurs comme l'éclairage et la force motrice, et la puissance supplémentaire aux usages électrochimiques ou autres.

On peut trouver également une utilisation très intéressante sous forme de vente d'énergie à d'autres usines situées sur des cours d'eau présentant un caractère saisonnier différent ; les eaux d'origine glaciaire ont en effet un étiage d'hiver, tandis que les eaux de plaine, d'origine pluviale, ont leur étiage en été.

En FRANCE, de nombreuses installations de ce genre ont été réalisées et c'est dans cet esprit que l'éminent ingénieur, M. A. BLONDEL, pense utiliser l'excès de puissance de l'Usine hydroélectrique du Haut-Rhône, à compenser l'étiage des Usines hydroélectriques de la région jurassique ou d'autres analogues.

Régularisation des cours d'eau

Certains cours d'eau, n'étant pas alimentés par des glaciers, présentent un double étiage d'été et d'hiver ; alors la régularisation par retenues d'eau est indispensable pour obtenir une utilisation satisfaisante. Ces réservoirs sont tantôt des lacs naturels, tantôt des bassins artificiels plus ou moins importants.

Diverses solutions ont été mises en œuvre pour utiliser les eaux périodiques sur les cours d'eau non régularisables. La meilleure solution consiste, quand cela est possible, dans la création d'un réservoir constituant une réserve journalière, qui permet, avec un débit moyen donné, de suivre toutes les variations diverses de la consommation, particulièrement importante dans les réseaux d'éclairage.

Quand ce réservoir n'est pas continu à l'usine, il faut créer près de celle-ci une autre réserve qu'on peut appeler, momentanée ou horaire et qui constitue un volant par rapport aux variations rapides de consommation, surtout sensibles sur les réseaux de distribution de force ou de traction. Ce réservoir-tampon, généralement formé par la chambre d'eau de l'usine génératrice, ne saurait être calculé trop largement. On peut de cette façon, à l'usine, mettre en service le nombre de groupes de machines qui correspondent à la consommation, au moment considéré. Alors intervient le rôle de volant du réservoir, lequel emmagasine l'eau destinée aux groupes en repos et la restitue ultérieurement et en temps opportun, de telle sorte qu'aucune parcelle de la puissance disponible ne soit perdue et quelles que soient les variations du régime d'utilisation.

Pour des chutes importantes, les dimensions des bassins sont relativement faibles et peu coûteux, si l'on tient compte des avantages énormes que l'on en retire.

A l'aide des diagrammes de consommation de l'usine, on calcule les dimensions des réservoirs et généralement ceux-ci sont beaucoup plus faibles qu'on ne l'aurait prévu, car, dans le diagramme, les surfaces positives et négatives qui se succèdent, s'équilibrent fréquemment et n'entrent pas en ligne de compte.

Un exemple typique va nous montrer qu'avec un cours d'eau de débit relativement faible, on peut obtenir une puissance considérablement plus élevée que celle qu'il fournirait s'il n'était aménagé que pour son débit d'étiage. Nous voulons parler de la célèbre chute de VOUVRY (1000 mètres de hauteur) dont la puissance, avec un débit moyen et constant de 326 litres, est de 3114 H. P., soit : 3114 × 8760 = 27.278.640 H. P. H. ou 27.278 H. P. pendant 1000 heures, 13639 pendant 2000 heures et

9093 pendant 3000 heures par an. Ainsi pour un service d'éclairage, soit 1000 heures, l'écoulement du petit cours d'eau *régularisé* offre le moyen d'obtenir une utilisation neuf fois plus grande que si le débit du cours d'eau était réduit à son débit naturel. Sans la présence du réservoir, l'écoulement se serait fait avec un débit variable suivant les époques de l'année, et, pendant la période d'étiage, il n'aurait été que le tiers et même le quart du débit moyen, soit 1038 ou 779 H. P.

D'autre part, le volume d'eau ne pouvant être modifié suivant les besoins journaliers de l'usine, la puissance se réduirait à cette valeur, et pour un service de 1000 heures, elle serait environ de 25 à 30 fois moindre que celle obtenue avec l'aménagement du lac de Tanay.

On a proposé de placer le réservoir-tampon plus haut que l'usine, en utilisant un refoulement par des pompes électriques, ce qui permet d'utiliser une plus grande puissance et de transformer quelquefois la réserve horaire en réserve journalière. Si l'on ne dispose pas d'une rivière ayant un débit suffisant pour que les variations de niveau dues à l'élévation de l'eau et à son retour après avoir actionné les turbines soient négligeables, on est naturellement obligé d'aménager deux réservoirs de capacités égales, l'un en amont, l'autre en aval, et de remplir l'un de ces réservoirs une fois pour toutes.

Le rendement (en eau élevée) d'un groupe moteur électrique et pompe et d'un groupe turbine actionnant une génératrice électrique est d'environ 50 %.

Nous avons un peu insisté sur cette question capitale de la régularisation du débit des rivières au moyen de lacs naturels ou de réservoirs de retenue ou de réservoirs compensateurs, parce qu'elle est une des parties les plus délicates et des plus précieuses de l'art de l'ingénieur en ce qui concerne l'aménagement des chutes d'eau. Là, comme ailleurs, nos ingénieurs se sont montrés à la hauteur de la tâche, pour le plus grand profit de l'utilisation de nos richesses naturelles.

Turbines

Au point de vue technique, le succès de la *houille blanche* est due à la combinaison favorable de deux engins tournants, robustes et de bon rendement, la *turbine* et l'*alternateur*, et aux progrès réalisés depuis quelques années dans l'emploi des hautes pressions d'eau et des hautes tensions électriques.

Pour les turbines, de tous les modes de classification adoptés, le plus employé, et à juste titre, est basé sur le fonctionnement de l'appareil. On divise ainsi les turbines en deux grandes classes : les turbines à impulsion et les turbines à réaction. Ces deux classes principales se subdivisent ensuite en un grand nombre de types différents.

Dans la turbine à impulsion, l'eau agit seulement par sa vitesse et sa force vive, sans qu'elle subisse de variation de pression pendant la traversée de la couronne mobile et cette variation de pression est transformée en travail à l'intérieur de la couronne. Ces turbines travaillent donc en charge et sont à pression intérieure. Dans ces conditions de fonctionnement, la vitesse de l'eau, à la sortie du distributeur, ne correspond pas entièrement à la hauteur des chutes. Aussi les turbines à réaction peuvent fonctionner immergées dans le bief d'aval et permettent d'utiliser la hauteur totale de la chute. Pour que cette dernière condition s'effectue sans inconvénient, on les munit d'un tube d'aspiration de Jonval, qui offre le moyen de faire fonctionner la turbine émergée.

Les turbines sont généralement établies pour que le rendement maximum soit obtenu un peu au-dessous de la puissance maxima. Le rendement des turbines d'action, à demi-charge, est plus élevé que celui des autres turbines, tandis qu'il est moins bon à pleine charge, pour des chutes modérées.

L'application des turbines à réaction, à la commande des machines électriques, est très pratique pour les basses chutes. Pour de plus grandes hauteurs, la vitesse de rotation devient beaucoup plus rapide, car la turbine à réaction ne donne un bon effet que si la vitesse circonférencielle est à peu près égale aux trois quarts de la vitesse de l'eau due à la hauteur de la chute. Lorsqu'on emploie des turbines sous très hautes chutes, il faut que la machine électrique soit de construction spéciale ou qu'elle tourne moins vite que la turbine.

Les turbines à déviation utilisent l'eau d'une manière plus efficaces sous des charges partielles et leurs vitesses s'adaptent mieux aux charges moyennes. Enfin, les roues à impulsion tangentielle sont tout indiquées pour les très hautes chutes et leur réglage est d'ordre simple et facile.

Machines électriques

Les bonnes turbines ont un rendement de 80 à 85 p. 100. Les machines électriques modernes employées dans les installations hydro-électriques sont arrivées à un haut degré de perfection et de souplesse. On a pu, sans diminuer la fréquence, faire travailler le fer des induits à plus de 20.000 gausses. Les alternateurs sont établis de façon à mettre d'accord les exigences électriques de l'isolation et les exigences mécaniques du volant. Ils peuvent alimenter directement des réseaux de 15.000 volts et plus et on a réalisé des unités génératrices dépassant 20.000 chevaux sur l'arbre des turbines, donnant un rendement global de plus de 75 p. 100.

Aménagement des chutes d'eau

Les chutes d'eau de montagne nécessitent pour leur organisation des prises d'eau et barrages parfois assez économiquement établis, des chambres de décantation et de prise en charge assez réduites, enfin des canaux et des conduites sous pression de faible section, relativement à la grande différence de niveaux rachetés. Les barrages de retenue jouent assez souvent le rôle de déversoirs, laissant déborder par-dessus leur crête les eaux des crues. On arrive au même résultat en pratiquant dans les corps de ces ouvrages, dans leur partie inférieure, des aqueducs qui permettent en outre, par le jeu de vannes spéciales, d'évacuer les apports charriés par les eaux.

Le barrage constitue souvent une des parties les plus importantes d'une installation hydraulique ; il doit être particulièrement bien étudié et soigneusement construit, puisque toute défectuosité d'établissement ou de fonctionnement exposerait à des arrêts de service. Pour les rivières torrentielles, le barrage est, la plupart du temps, un ouvrage fixe, mais les barrages mobiles sont nécessaires dans un grand nombre de cas.

Ainsi que nous l'avons dit plus haut, les industries de houille blanche se sont développées d'abord principalement sur les cours d'eau privés, où la modicité des débits et la rapidité des pentes étaient favorables à l'économie des installations, mais, maintenant, le mouvement s'étend aux grands cours du domaine public ; aussi, dans un avenir assez prochain, dans la seule région des Alpes françaises, on verra réalisé l'aménagement de plus d'un million et demi de chevaux. En admettant que les deux tiers de cette puissance soient constamment utilisés, on trouve une production annuelle de 6 milliards et demi de kilowatts-heures. On croit sortir d'un rêve quand l'esprit se reporte à quelque 20 ans en arrière, alors que la Houille Blanche des Alpes ne s'estimait guère qu'à quelques milliers de chevaux.

Frais d'établissement des usines hydro-électriques

L'ensemble des frais de construction se rapportant à l'établissement des usines hydro-électriques peut se subdiviser comme suit :

a) Etudes préliminaires, achat de concession, du terrain, des riverainetés ;

b) Travaux pour la captation de l'eau, l'établissement des barrages et la canalisation ;

c) La superstructure des bâtiments ;

d) L'installation des turbines, y compris leurs régulateurs de vitesse et tous accessoires ;

e) Les génératrices et installations électriques jusqu'au tableau de distribution ;

f) La ligne de transport à distance et les postes ou sous-stations de transformation.

L'achat du terrain est d'un prix moins élevé pour les hautes chutes que pour celles à basse pression, car, dans le premier cas, on peut établir les canalisations sur des pentes inutilisables et, en outre, la surface de terrain immobilisée est très faible, l'encombrement des ouvrages hydrauliques étant, en pareil cas, relativement réduit. Mais, s'il y a vingt ans, les « chevaux sauvages » n'avaient que peu de valeur, il n'en est plus de même de nos jours, où il faut compter de ce chef 25 à 50 francs et plus par cheval.

Pour l'aménagement des basses chutes, l'achat du terrain nécessaire pour le passage absorbe des sommes considérables et, fréquemment, on ne peut obtenir ces terrains que par voie d'expropriation. Et c'est surtout là où les travaux à exécuter comportent le barrage d'une vallée, que les achats de terrains prennent une valeur élevée ; ils représentent jusqu'à 25 % de la valeur globale. Quant aux indemnités à payer pour torts causés à la culture, du fait des établissements hydrauliques, de la suppression des quantités d'eau normales ou d'inondations, elles sont souvent d'une importance telle qu'elles accroissent d'une façon notable les frais courants d'exploitation.

Les dépenses véritablement importantes dans cet ordre d'idées proviennent du rachat des droits d'irrigation existants. L'extinction de ces droits a lieu par rachat direct et amiable ou par une compensation de fourniture gratuite, d'énergie électrique aux intéressés, en retour de l'énergie hydraulique abandonnée.

En moyenne, pour les dépenses provenant de ce fait, on peut compter sur 95 francs par cheval effectif pour les basses chutes, qui peuvent s'abaisser jusqu'à 12 fr. 50 par cheval effectif pour les hautes chutes.

Relativement à la captation de l'eau motrice, les installations établies en plaine ou en terrain faiblement incliné nécessitent des travaux conséquents et par suite plus coûteux que les installations situées en montagne. En Amérique, des aménagements de ce dernier genre ont donné lieu à des dépenses n'excédant pas 60 francs par cheval effectif. En moyenne, on peut dire que le prix de revient de l'aménagement hydraulique d'une chute d'eau varie entre 625 francs par cheval utile, pour les basses chutes, et 125 francs pour les hautes chutes.

Les frais de premier établissement des moteurs hydrauliques et de leurs accessoires deviennent plus faibles à mesure que la hauteur de chute grandit, et, dans les installations à haute pression, les coûteuses installations de turbines disparaissent. Il ressort d'une manière générale, que pour les petites puissances, deux petites turbines coûtent ensemble 10 à 20 % environ plus cher qu'une seule turbine du même total et, en outre, que, pour les puissances relativement élevées, cette proportion arrive à dépasser 50 %.

Plus défavorables encore apparaissent les conditions lors d'un sectionnement plus accentué du débit entre un certain nombre de turbines élémentaires, sans même tenir compte que l'espace nécessaire et les frais de montage deviennent plus grands en ce cas. C'est pourquoi la tendance moderne dans les usines hydrauliques est d'installer des groupes générateurs aussi puissants que possible.

La même règle du moindre coût d'établissement pour les chutes de grande hauteur s'applique, quoique dans une mesure moindre, aux prix des génératrices électriques, cela à cause des grandes vitesses angulaires que l'on peut donner à ces dernières.

Les prix respectifs de deux génératrices également puissantes, faisant l'une 150 tours et l'autre 500 tours par minute, sont entre elles à peu près dans le rapport de 2 : 1.

Pour ce qui est de l'influence de la tension produite par les alternateurs, on constate à peu près universellement que pour les tensions 500-5.000 volts, les prix de revient sont à peu près identiques ; il n'y a accroissement sensible de ce prix que si la tension tombe au-dessous de 500 volts ou s'élève au-dessus de 5.000 volts.

En résumé, pour les hautes chutes, les dépenses de premier établissement, selon l'importance des usines, varient de 100 francs à 600 francs par cheval hydraulique sur l'arbre des turbines et de 400 francs à 1.000 francs pour le cheval électrique, soit 500 francs à 1.400 francs par kilowatt à l'usine.

Rendement d'une usine hydro-électrique

Les résultats financiers d'une usine hydro-électrique dépendent de quatre facteurs :

a) Les frais d'établissement par kilowatt de capacité de l'usine :

b) Le nombre de kilowatts-heures, produits ou vendus par kilowatt de capacité de la centrale, c'est à-dire en d'autres termes, le coëfficient du facteur de charge ;

c) Les recettes par kilowatt-heure ;

d) Les dépenses pour la production d'un kilowatt-heure.

Pour des frais d'établissement peu élevés et une bonne utilisation, les frais de production et le prix du courant jouent un rôle beaucoup plus important que pour les usines d'un prix de revient moins élevé et moins bien utilisées.

Il convient donc de considérer les diverses branches d'utilisation du courant, en étudiant dans chaque cas les valeurs données par l'expérience pour la durée d'utilisation et les prix possibles du courant.

Facteurs d'utilisation horaire des usines hydro-électriques

L'industrie électro-chimique consomme de grandes quantités d'énergie, et cela avec une utilisation sensiblement constante, de sorte que l'on peut facilement compter, avec cette industrie, sur un travail de 6.000 à 7.000 heures par kilowatt. Mais, le prix admissible pour la fourniture du courant est très minime ; il se tient en règle générale aux environs de 1,25 centime par kilowatt-heure ; souvent, il est plus bas et il monte rarement au-dessus de 2,5 centimes.

Pour le service des tramways dans les grandes villes, on peut compter sur 1.700 à 2.000 heures de pleine charge des machines utilisées et le prix du courant se tient, en général, entre 15 et 10 centimes par kilowatt-heure.

Pour le service électrique des grandes lignes de chemins de fer, on peut atteindre 2.000 à 2.500 heures d'utilisation, par rapport à la puissance en kilowatts des machines employées ; le prix du courant devra être compris entre 2,5 et 5 centimes si l'on veut réaliser une économie par rapport à l'emploi de la traction à vapeur.

Pour les usines hydro-électriques qui n'alimentent que l'éclairage et la force motrice, on peut compter sur une durée d'utilisation de 1.500 à 2.500 heures de la puissance des machines employées. Une consommation élevée de courant pour les besoins de la force motrice a pour conséquence une valeur relativement peu élevée des prix moyens du courant ; une consommation élevée pour la traction maintient les prix aux environs de leur valeur moyenne ; une consommation élevée pour l'éclairage permet des prix plus rémunérateurs.

On peut prendre approximativement pour bases les chiffres suivants :

Eclairage, force motrice et tramways : 6 à 12 centimes par kilowatt-heure pour une durée d'utilisation de 2.000 à 2.500 heures ; 12 à 22 centimes pour 1.700 heures et 16 à 25 centimes pour une durée de 1.500 heures.

D'après ces données, il reste à déterminer le montant des frais de premier établissement et pour qu'il y ait intérêt à construire l'usine, il faut pouvoir compter sur un excédent de recettes brutes représentant environ 10 % du capital de premier établissement, dont 4 % affectés à l'amortissement, 4 % aux intérêts et 2 % pour les frais d'exploitation. Pour se tenir dans ces conditions, il apparaît que les frais de premier établissement ne devront pas dépasser 800 à 1.000 francs par kilowatt.

Evaluation de la puissance des forces hydro-électriques en France

Nous n'avons mentionné plus haut que l'appareil hydraulique de la région des Alpes : mais les Pyrénées, le Massif Central et le Jura fournissent un contingent respectable de chevaux. Les lignes de distribution d'énergie dépendant des grands transports, en France, constituent un réseau dont le développement atteint 11.000 kilomètres et qui desservent une population de 5 millions d'habitants.

La puissance de nos chutes d'eau aménagées et exploitées en vue de la production de l'énergie électrique, à l'heure actuelle, est supérieure à 600.000 chevaux-vapeur. La force totale brute pour la France continentale étant évaluée à 5 millions de chevaux-vapeur en étiage et à 10 millions de chevaux-vapeur en eaux moyennes, on voit qu'il reste un vaste champ à exploiter, malgré les 900.000 chevaux en voie de réalisation dans un avenir pas trop éloigné.

La France à qui revient l'honneur d'avoir résolu la première les magnifiques problèmes du transport à distance de l'énergie électrique et de la captation de l'eau motrice à haute pression, si elle ne tient pas la tête des nations européennes pour l'utilisation de la *houille blanche,* occupe néanmoins un rang très enviable.

Transports de force à grande distance et réseaux de distribution électrique

L'industrie du transport à grande distance de l'énergie électrique est aujourd'hui — grâce à cet admirable organe, le transformateur statique, d'invention française aussi — en voie de considérable développement. De nombreuses et grandes distributions d'énergie se créent, se soudent les unes aux autres, et on peut prévoir que, dans une avenir peu éloigné, la France entière sera couverte d'un réseau à mailles étroites desservant jusqu'au plus petit hameau, au plus grand profit des installations agricoles qui trouvent ainsi à leur portée un moteur offrant des conditions de premier ordre : commodité, souplesse, propreté, marche silencieuse, sécurité, bon marché, faible encombrement, etc.

Ainsi le chef d'industrie est débarrassé du souci de créer l'énergie dont il a besoin. En effet, s'agit-il d'une quantité d'énergie minime, le prix de revient en est élevé, car les machines à vapeur ou à gaz de faible puissance sont, comme on le sait, peu économiques ; s'agit-il, au contraire, d'une quantité d'énergie notable, elle donne lieu à de coûteuses et encombrantes installations qui, devant être prévues pour le maximum de puissance éventuellement nécessaire, fonctionnent ordinairement à charge variable et notablement inférieure au maximum, ont un mauvais rendement et donnent malgré leur importance, le cheval-heure à un prix peu avantageux.

Le transport électrique sera, demain, pour toute industrie, une véritable nécessité. Au début, il faut bien le dire, ce mode de transport rencontra quelques défiances, en raison des craintes d'insécurité que firent naître des arrêts accidentels, dus à des défauts de fonctionnement soit des lignes, soit des usines génératrices. La technique des transports à grande distance fut longue à établir à cause des grandes difficultés qu'elle eut à surmonter ; mais la science de l'ingénieur finit par en avoir raison et aujourd'hui la construction d'une ligne à haute tension, par les soins donnés à son étude et à sa réalisation, par la sécurité et la perfection que présente son utilisation, est comparable à la construction d'une route ou d'une voie ferrée.

Les premiers grands transports utilisèrent avec beaucoup d'hésitation des tensions de 15.000 et 20.000 volts ; puis successivement on aborda les voltages supérieurs, de 30.000, 40.000 et 60.000 volts.

De nos jours, on envisage avec sécurité des tensions de 100.000, 150.000 et même 200.000 volts [1], permettant d'atteindre économiquement des distances de 500 kilomètres et plus.

1. En Amérique, il existe déjà des usines hydro-électriques fonctionnant à la tension de 140.000 volts.

Si l'on prend pour base le prix de production de l'énergie à 55 francs le kilowatt-an, le transport est économiquement réalisable jusqu'à 800 kilomètres avec une puissance de 200.000 kilowatts et jusqu'à 1.000 kilomètres avec 300.000 kilowatts, en supposant qu'on emploie du courant triphasé de 30 à 25 périodes [1].

Le remplacement des usines génératrices isolées, installées dans les villes et les villages, par de vastes réseaux a été basé sur les considérations économiques suivantes : réduction du matériel de l'usine génératrice en profitant de la diversité des demandes des différentes localités desservies ; prix de revient du kilowatt moindre, l'installation génératrice étant plus puissante et le facteur de charge plus élevé ; capital plus faible immobilisé par kilowatt installé dans les usines génératrices ; réduction de la proportion du matériel de secours par un équipement approprié des différentes sous-stations ; centralisation de la direction, de l'administration et des autres services généraux, permettant une réduction de frais ; distribution de l'énergie dans les régions rurales et suburbaines, service qu'une usine locale ne pourrait faire avec profit ; enfin, fourniture de la force motrice à de grandes industries qui seraient des clients trop importants pour de petites usines.

D'ailleurs, comme il faut vivre avant tout, c'est-à-dire vendre le plus de kilowatts possible, les dirigeants des grands réseaux électriques s'ingénièrent par tous les moyens à conquérir la clientèle : tarifs réduits, tarifs dégressifs, tarifs différentiels, tarifs à forfait, tarifs de jour, tarifs de nuit, partage des bénéfices réalisés sur les anciens systèmes, installations en location, installations gratuites même, tout en un mot a été imaginé pour l'extension du nouveau mode d'énergie.

Electrochimie

En attendant que les grandes distributions couvrent tout le continent européen, l'électrométallurgie et l'électrochimie absorbent une grande partie de l'énergie fournie par les chutes d'eau aménagées. Parmi les exploitations électrochimiques, à l'heure actuelle, c'est le carbure de calcium qui entretient le plus grand nombre d'usines avec une production annuelle mondiale de 250.000 tonnes, exigeant une puissance globale de 300.000 chevaux.

L'industrie du carbure de calcium est, de nos jours, bien assise, car la découverte de Frank et Caro, relative à la fixation du nitrogène atmosphérique par le carbure, ouvre des horizons nouveaux et la calcyanamide utilisée dans l'engrais a donné de bons résultats et, de tous côtés, les établissements électrochimiques en entreprennent la fabrication.

Il ne reste plus qu'à effectuer la mise en marche, en arrangeant le détail

1. Actuellement, la distance maxima pour le transport paraît se limiter à 600-650 kilomètres.

des opérations et surtout faire un choix minutieux et judicieux entre les différents systèmes de fours qui sont proposés.

Engrais électriques

On sait que l'azote assimilable sous forme d'acide nitrique et d'ammoniaque ne rentre qu'en proportions insignifiantes dans la composition de l'atmosphère et ne saurait suffire aux appétits des plantes ; elles doivent donc chercher dans le sol l'azote nécessaire ; ce dernier n'est d'ailleurs pas toujours dans l'état qui permettra de favoriser la croissance de la plante et on doit l'ajouter au sol sous forme de fertilisants, tels que les engrais ou autres produits naturels, dont les plus importants sont les guanos du Pérou et les nitrates du Chili. La consommation de ces derniers dans le monde entier s'accroît sans cesse et en 1909 l'Amérique du Sud en exportait 2 millions de tonnes, dont 250.000 tonnes pour la France.

Mais ces gisements, comme la houille noire, ont une durée limitée, comme aussi le sulfate d'ammoniaque tiré du charbon de terre.

Mais l'électricité est arrivée à point pour nous sauver de la disette, car, grâce à elle, le problème de la fixation de l'azote de l'atmosphère est résolu. Les composés obtenus sont la cyanamide, l'acide nitrique et les nitrates. La cyanamide de calcium (CAz^2 Ca) fut découverte par hasard par Frank et Caro, qui, étudiant la préparation des cyanures métalliques, constatèrent que les terres alcalino-ferreuses absorbent l'azote sous l'influence de la chaleur. Ainsi le carbure de calcium perd 1 C en haute température et se transforme en cyanamide :

$$CaC^2 + 2\ Az = CaC\ Az^2 + C.$$

En présence de l'eau il se forme de l'ammoniaque suivant la réaction :

$$CAC\ Az^2 + 3\ H^2O = CaO\ CO^2 + 2\ Az\ H^3.$$

La Société des produits azotés a créé une importante installation près de son usine de carbure. On emploie le carbure de calcium commercial à 80 °/₀ donnant 300 litres d'acétylène par kilogramme. Il est broyé dans une atmosphère d'azote pur et sec en vue d'éviter la décomposition par l'humidité. La poudre est chargée dans des cornues analogues à celles employées en Allemagne dans les usines à gaz, ou dans des creusets chauffés électriquement et pouvant contenir 400 à 500 kilogrammes. Lorsque la température atteint 1200 à 1300° C on fait arriver le courant d'azote ; l'absorption dure de 30 à 60 heures. On est prévenu à la fin de la réaction par un manomètre placé sur la conduite d'azote. Les réactions qui ont lieu étant exothermiques, il ne faut guère de charbon ou de courant pour chauffer les fours.

On obtient une masse poreuse blanchâtre qui est immédiatement broyée et emballée par sacs de 100 kilogr. La teneur en azote varie de 15 à 20 °/₀, elle dépend de la qualité du carbure employé et de la pureté de l'azote. Ce dernier doit être en effet sec et exempt d'oxygène. On emploie fréquemment pour ce motif l'appareil de Linde et Claude, donnant du gaz à 99 °/₀ Az. Le prix de revient de la cyanamide dépend du cours du carbure. Ce produit n'a pas rencontré au début tout le succès qu'il méritait. Son état de division permettait au vent de l'emporter facilement, d'autre part, il était caustique et brûlait les mains aux cultivateurs. On a remédié à cela en l'humectant d'huile ou en l'additionnant d'oxyde de fer.

De tous les procédés étudiés pour fabriquer l'acide nitrique et les nitrates à partir de l'azote de l'air, trois seulement sont dans le domaine de la pratique, celui de Birkeland et Eyde, celui de la Badische Anilin-und Soda-Fabrik et celui de Pauling.

Dans le procédé Birkeland-Eyde, l'arc dévié par un électro-aimant prend la forme d'un large disque. Les électrodes sont constituées par des tubes de cuivre courbés en U. Un courant d'eau circule à l'intérieur et l'air est envoyé sous pression par un ventilateur. La caractéristique de ce four est sa longue durée. La partie réfractaire n'est remplacée que tous les 5 à 6 mois, les électrodes chaque 3 ou 4 semaines. On a construit à Nottoden un certain nombre de fours de ce type consommant depuis 250 jusqu'à 4.000 chevaux. Le courant est envoyé par la station de Svœlgos sous forme de courant triphasé à 50 périodes — 10.000 volts.

Le procédé de la Badische est meilleur marché que le précédent. On évite le mécanisme coûteux et délicat pour créer le champ magnétique. La production moyenne varie de 570 à 600 kilogr. d'acide nitrique par kilowatt-an. On a comme sous-produit du nitrate de soude cristallisé qui est acheté principalement par les industries tinctoriales. Le nitrate de chaux est vendu en poudre par barils de 220 livres. M. Malpeaux, directeur de l'Ecole d'agriculture de Berthonval, conclut de ses essais pratiques que le nitrate de chaux fabriqué à Nottoden supplée avantageusement au nitrate de soude ; il apporte, en effet, directement les deux éléments azote et chaux. Un léger inconvénient du nitrate de chaux est sa nature hygrosco-pique qui en rend l'emploi difficile lorsqu'on le répand par un temps humide, surtout si c'est par l'intermédiaire de machines. M. Schlœsing Jr. a fait breveter un procédé permettant de préparer directement cet engrais en faisant absorber AzO à 300 ou 400° par des briquettes de chaux. La simplicité de l'appareil et les résultats obtenus permettent d'espérer un brillant avenir pour ce procédé.

Le procédé Pauling est exploité depuis 1908 à Roche de Rame, près Briançon, par une Compagnie française « L'Azote » ; les fours construits par groupes de trois sont à peu près carrés. L'arc produit par un ingénieux dispositif d'électrodes a de 3 à 4,5 pieds de haut. Chaque four renferme deux arcs en série consommant du courant triphasé à 50 périodes, 4.000 volts ; 9 fours marchent simultanément absorbant chacun 50 HP au minimum ; 96 °/₀ de l'azote produit sont utilisés et le prix de revient des matières fabriquées dépend, bien entendu, de celui de la force mo-trice.

La Norvège, grâce à ses chutes d'eau naturelles, est le pays d'Europe pouvant fabriquer le plus avantageusement le nitrate de chaux. Certaines régions des Alpes et des Pyrénées françaises peuvent également exploiter les procédés décrits. La durée des sources d'énergie, de même que celle de notre atmosphère étant illimitées, l'agriculture ne manquera donc jamais de nitrates.

La Société Norvégienne de l'Azote dispose de 400.000 chevaux et la Société Norvégienne des Usines Nitratières fait installer une usine électro-chimique pour l'utilisation de 120.000 H. P. Quand on utilisera les 500.000 chevaux, la production atteindra 300.000 tonnes et les dépenses de premier établissement se seront élevées à 210 millions de francs. Les usines fabriquant la cyanamide produisent annuellement 80.000 tonnes, mais cette quantité ne peut aller qu'en s'accroissant considérablement, car nombre d'usines électrochimiques adjoignent cette fabrication à titre de sous-produits pour utiliser leurs chevaux périodiques.

L'industrie électrochimique de la fixation de l'azote a devant elle un avenir des plus brillants, qu'elle doit d'ailleurs aux besoins d'engrais de la première et de la plus noble des industries, notre mère nourricière, l'Agriculture.

La Législation des forces hydrauliques

Maintenant que nous avons, par nos faibles moyens, essayé de montrer le rôle économique et social si important qu'est appelé à jouer l'industrie des forces hydrauliques, qu'il nous soit permis de regretter l'absence d'une législation sur les concessions de forces hydro-électriques.

La seule loi votée jusqu'à présent est relative aux distributions d'énergie électrique (15 juin 1906) ; il est nécessaire qu'un effort du gouvernement soit fait pour aboutir à une législation d'ensemble, car actuellement la création des lignes et les tarifs se trouvent à la merci de trusts formés entre les compagnies, qui peuvent à leur gré favoriser ou ruiner telle région de production de viande, de fruits, de denrées agricoles en général, telle mine, telle usine, tel port, etc.

Le 20 octobre 1912.

Définition et Applications
diverses de la Houille Verte

par Henri BRESSON

Lauréat de l'Académie des Sciences

Que l'on ait recours au charbon ou à l'eau pour produire de *l'énergie*, le soleil en aura toujours été la cause première. C'est lui qui a fait pousser les forêts préhistoriques qui ont constitué les *dépôts houillers*, lui aussi qui, au-dessus des mers, agit comme une immense pompe, évaporant les eaux dont les précipitations, sous forme de *neige* ou de *pluie*, se répandent ensuite, en partie du moins. sur les continents.

Dans ces deux mots : neige et pluie, nous trouvons aussi le motif des dénominations de *houille blanche* et de *houille verte*, qu'il est opportun de bien définir.

Le terme métaphorique de houille blanche a une priorité de date certaine ; comme le second, c'est un terme parfaitement admis de nos jours dans le monde savant, et il a même pénétré aisément l'esprit des masses. On sous-entend par là que les usines hydrauliques empruntent leur énergie aux cours d'eau à pentes accentuées des régions montagneuses et *surtout que cette eau provient de la fonte des glaciers*. C'est le fait essentiel à retenir sans omettre *surtout* la restriction que nous développerons plus loin.

Dans les contrées de plaines ou même dans celles dont les rivières sont dépourvues de glaciers à leur origine, il peut exister également des conditions favorables aux usages hydrauliques ; les chutes d'eau qui résultent des barrages, créés ici le plus souvent de mains d'hommes, sont moins élevées , il est vrai, et par conséquent moins puissantes, et, cependant, ce fut pendant de longs siècles la seule énergie industrielle connue avec le moulin à vent, celle presque uniquement employée pour la production de la farine, une des premières nécessités de l'alimentation de l'homme.

Nous reviendrons aussi, par la suite, sur les conséquences de l'entrée en jeu de la machine à vapeur dans ce cas particulier, et, poursuivant cet exposé de la question, nous nous demanderons, si, dans un but de propagande analogue à celui recherché dans le terme de houille blanche, il n'était pas exagéré de se servir de ce dernier dans le second cas ? Si certains englobent toutes les forces hydrauliques dans une même catégorie, beaucoup pensent autrement et ont bien accueilli la seconde définition quand elle commença à se répandre.

Nous venons de dire que la houille blanche provenait *surtout* de la fonte des glaciers, et l'on comprendra que de ce chef le maximum des débits de cette catégorie de cours d'eau se produit à une époque de l'année vers laquelle la fonte des glaciers est la plus active, soit en juillet et août. C'est, du reste, un grand bienfait pour les contrées méridionales de la France, vers lesquelles les principales de ces rivières, originaires des Alpes, trouvent leur écoulement, puisqu'elles y apportent, à l'époque favorable, l'élément nécessaire aux irrigations.

Tout au contraire, les rivières se réclamant du second terme, celui de houille verte, auront le maximum de leur débit en hiver, époque des pluies fréquentes et persistantes, avec un ralentissement, il est vrai, en cas de gelées. Toutefois, cette différence ne serait peut-être pas une justification suffisante à cette nouvelle dénomination, si nous n'avions à faire valoir que l'époque de l'étiage ou des basses eaux, étant naturellement en été, les débits, lors des époques plus ou moins prolongées de sécheresse, seraient excessivement réduits, tomberaient peut-être dans certains cas, à zéro, sans les sources pérennes favorisées et entretenues par les forêts. Si les glaciers sont *blancs*, les forêts sont *vertes*, particulièrement quand elles nous attirent par leurs frais ombrages. La forêt contribue donc bien certainement à la régularité des cours d'eau.

Maintenant que le qualificatif du terme houille verte est bien défini, il nous reste encore à faire sentir combien il est nécessaire, et c'est aux deux colonnes de chiffres suivantes que nous en demandons la preuve. La première colonne contient, en fonction des douze mois de l'année, la moyenne des débits pendant vingt années consécutives d'un cours d'eau soumis au régime alpestre ; ces chiffres sont empruntés à une note de M. E.-F. Côte, ingénieur très connu dans la région des Alpes et rédacteur en chef d'une publication de Grenoble, *la Houille blanche* ; cette note parut également dans les *Annales de la Direction de l'Hydraulique et des Améliorations agricoles*.

J'ai établi les chiffres des débits moyens de la seconde colonne d'après les observations faites par le service hydraulique des Ponts et Chaussées pendant douze années sur une rivière du département de l'Orne.

TABLEAU A.

Mois	Rivière des Alpes	Rivière de l'Orne	Remarques
	Litres	Litres	
Janvier . . .	6.200	750	Minimum : houille blanche.
Février . . .	6.500	956	
Mars	10.000	983	Maximum : houille verte.
Avril	12.000	700	

Mois	Rivière des Alpes	Rivière de l'Orne	Remarques
	Litres	Litres	
Mai	16.000	360	Maximum : houille verte.
Juin	17.000	333	
Juillet . . .	20.500	226	
Août	22.000	184	Maximum : houille blanche. Minimum : houille verte.
Septembre . .	20.000	363	
Octobre . . .	20.000	321	
Novembre . .	13.000	572	
Décembre . .	10.000	858	

Dans les deux cas, on compte en litres par seconde et ces deux cours d'eau sont évidemment d'importance différente ; toutefois, le contraste est saisissant entre ces chiffres offrant de bonnes garanties d'exactitude.

Il ne suffit pas de créer de nouveaux termes, il faut prouver encore par des exemples aussi nombreux possibles, que ces termes étaient nécessaires. C'est ici qu'un statisticien, fut-il amateur, peut trouver de l'ouvrage. Il donnera raison au dire de M. Levasseur, membre de l'Institut : « La statistique est l'étude numérique des faits sociaux ».

M. Thiers, alors ministre vers 1850, provoqua à l'exemple de l'Angleterre, une statistique industrielle de la France, mais elle fut dressée avec une lenteur telle que, lors de leur publication, les résultats n'avaient plus aucune actualité. La statistique générale de la France procède déjà d'une façon plus rapide ; cependant, ce n'est qu'en 1911 qu'on eut connaissance d'un recensement hydraulique entrepris en 1906 ; 5 années c'est encore trop. A l'étranger, particulièrement en Amérique, une direction spéciale permet d'obtenir beaucoup mieux. Quoiqu'il en soit, j'ai pu, grâce à ces ressources, constater un développement certain des installations hydro-électriques.

Mais avant d'examiner rapidement les transformations de ce genre que j'ai pu relever dans une région de la France à laquelle j'ai consacré quatre années de recherches, il nous faut faire connaître le motif vraisemblable du chômage de maintes usines hydrauliques. Je disais ci-dessus que la majorité des moulins à eau de France s'adonnaient à la production de la farine. L'usage du charbon, pour la force motrice et la centralisation qui en est généralement la conséquence, reportait aussi cette industrie vers les villes voisines des lignes ferrées, mais le remplacement de la meule par le cylindre leur causait un préjudice encore plus sensible. Grâce à ce nouvel appareil et à ceux de triage des moutures qui l'accompagnent, le meunier tire un plus grand profit du grain, bien que le pain perde souvent certaines qualités nutritives qu'il possédait avant. Quoi qu'il en soit, l'énergie exigée par une minoterie moderne dépasse bien souvent la disponibilité des petites forces hydrauliques et surtout on n'obtient pas, comme avec la machine à vapeur, la constance de travail qu'exige aussi, pour être profitable, le personnel devenu nécessaire pour une telle industrie, car le mot n'a plus rien d'exagéré ici.

Donc, d'une part, fermeture naturelle des forces hydrauliques impropres à cette conversion, puis, d'autre part, concurrence entre elles et souvent élimination de celles qui, vu leur éloignement de la voie ferrée, ne peuvent s'aider pratiquement d'une machine de secours.

En opposition à ces fermetures, je puis signaler un certain nombre de rentrées en activité de forces hydrauliques pour la production de l'énergie électrique. La contrée étudiée à ce point de vue se borne, il est vrai, à huit départements de l'Ouest de la France, qui ne sont cependant pas des mieux dotés ; celui de l'Orne en occupe le centre et est le berceau d'un bon nombre de rivières qui y prennent leurs sources et se répandent régulièrement dans les six départements l'entourant. Pour présenter méthodiquement ces exemples il y a lieu de les classer comme suit : d'abord les usines hydrauliques d'industries fort variées qui ont recours à leurs moteurs hydrauliques, avec ou sans le secours d'une machine à vapeur (y compris les minoteries), pour l'éclairage de leurs ateliers ou locaux. Ensuite, les usines plus spécialement hydro-électriques, c'est-à-dire celles pour lesquelles la production du courant électrique est la principale raison d'être et j'ai dû les subdiviser encore en trois groupes :

1° Les *distributions* d'éclairage et de force motrice que l'on pourrait qualifier de collective (c'est le cas d'un industriel vendant dans ce but du courant) ;

2° La production de l'électricité pour l'éclairage et la petite force motrice domestique *chez un propriétaire* qui en bénéficie seul (donc exemple plutôt rural) ;

3° Les transports d'énergie dans *un but industriel* propre (réunion de deux ou plusieurs chutes, même pour la minoterie) ou encore la production de l'électricité utilisée entièrement pour l'industrie elle-même (tels les fours électriques, les fabriques d'accumulateurs).

Pour la deuxième catégorie et ses trois subdivisions, on relève :

TABLEAU B.

	Distributions	Propriétaires	Transports
Orne.	16	12	1
Calvados. . . .	9	3	1
Eure	18	7	5
Eure-et-Loir . . .	2	6	2
Manche	18	4	1
Mayenne	5	»	2
Sarthe	8	»	1
TOTAUX. . .	76	32	13

Total général pour ces dernières 121, en 1913.

Ces usines hydrauliques n'ont pàs, que ce soit bien entendu, des puissances à faire entrer en comparaison avec celles de la « houille blanche » mais il ne faut pas oublier que les contrées en question sont bien plus peuplées et bien mieux disposées aux progrès.

Toutefois, il faudrait bien se garder de condamner *en bloc* toutes les chutes d'eau d'un département, en se basant sur des moyennes, puisque la moyenne des 49.000 usines hydrauliques de France, situées uniquement sur les cours d'eau non navigables ni flottables, n'est que de 11 chevaux-vapeur selon le recensement de 1900.

L'expérience montre cependant que ce chiffre de 11 chevaux devient intéressant et est suffisant pour tout propriétaire, (*colonne 2 de notre tableau B*) et parfois pour de petits transports (*colonne 3*), puisque j'ai constaté quelques exemples de la réunion de deux chutes dans des minoteries, pour des forces plus minimes : à partir de 25 chevaux, on peut tenter heureusement les distributions (*donc colonne 1*) pour l'éclairage public et privé, avec de petits moteurs industriels le jour, dans les chefs-lieux de canton dont la population varie de 1.200 à 1.800 habitants, et ceci non seulement lorsque l'usine hydraulique est au centre de la localité, mais encore lorsqu'elle en est éloignée. J'ai relevé des distances de 6 à 7 kilomètres en pareilles circonstances dans la Manche, département ou les 5.000 volts sont fort à la mode, et même de 14 kilomètres dans le Calvados.

Dans la présente thèse en faveur des forces hydrauliques, surtout des petites, il est un point de vue dont il faut bien savoir se défendre, celui de laisser croire que l'on cherche à porter atteinte aux industries créées pour ainsi dire par le charbon et ne vivant que par lui. De ce nombre sont évidemment les chemins de fer qui ont aussi développé, par le même motif, les grandes usines urbaines. Il serait cependant aisé de faire sentir certains côtés défectueux de cette centralisation à outrance de l'industrie, dont le plus inquiétant, sans contredit, se manifeste par les exigences croissantes des ouvriers ; mais ce serait sortir du cadre de cette courte note.

La houille blanche se pose assez volontiers en rivale du charbon et, au point de vue français, on ne peut que s'en féliciter ; son action pour les voies ferrées ne sera sans doute toujours que fort limitée, tandis que, pour les industries métallurgiques et chimiques, son influence sera grande. Quoi qu'il en soit, depuis six ans, la consommation du charbon reste chez nous stationnaire, fait heureux en présence de notre importation, que l'on cherche à expliquer par un meilleur emploi des combustibles et par l'utilisation des chutes d'eau.

Si le rôle dévolu à la houille verte ne peut être aussi important, elle a à lutter, à l'heure actuelle, avec le pétrole dans le cas d'éclairage et de petites forces motrices, avec l'acétylène en cas d'éclairage seul, mais il y a lieu de faire aussitôt remarquer que le carbure de calcium est souvent dû à la houille blanche et que des usines de 60 chevaux seulement commencent aussi en Normandie à en produire.

Finalement, on s'est préoccupé de l'épuisement éventuel de toutes ces énergies, en présence des demandes toujours de plus en plus grandes de l'industrie et même de l'agriculture. Pour le charbon, les avis sont partagés, les esprits pessimistes voient les ressources de la Grande-Bretagne, pays houiller par excellence, et de la vieille Europe, épuisées avant quatre cents ans ; les esprits optimistes font valoir le stock considérable de houille du Japon et ceux, encore mal connus ou soupçonnés, de l'Asie et de l'Afrique. Sans prendre parti, faisons néanmoins remarquer que ces continents, en se civilisant, ne manqueront pas de garder pour eux un monopole aussi précieux et le Japon semble avoir prouvé récemment qu'il faudrait compter avec sa puissance ; en tout cas, la question de transport ne sera pas sans influencer le prix de ce combustible.

Pour la houille blanche, si certaines observations touchant les glaciers ont fait naître des inquiétudes, il est bien probable, après tout, qu'ils sont soumis également à des variations assez semblables à celles qui résultent pour la houille verte, d'années ou de périodes d'années sèches ou pluvieuses. En tout cas, à l'égard de cette dernière, il suffit d'avoir quelque peu navigué sur mer, puis de se reporter à ce qui a été dit tout à fait au début de cette note, pour être pleinement et pour longtemps rassuré ! Lorsque les pluies cesseront d'alimenter les réservoirs de la houille verte, les conditions de vie cesseront simultanément sur la terre.

Enfin, si dans bien des cas, la houille verte ne peut se passer du secours du charbon, il est même permis de croire que c'est dans cette union que réside l'énergie la plus économique de notre temps. Après avoir émis des vues personnelles et flatteuses sur l'intérêt que la France doit prendre au développement aussi bien de la houille verte que de la houille blanche, l'*Économiste français*, du 2 mars 1907, donne la citation suivante résumant si bien notre point de vue qu'elle nous servira de conclusion.

« L'association étroite de l'énergie à vapeur et de l'énergie hydraulique,
« nous semble la plus économique dans la majorité des cas, tant il est
« vrai que les forces, comme les inventions nouvelles, demandent, pour
« donner le maximum de leur rendement, à être associées et non point
« opposées aux forces vives du passé.»

1er CONGRÈS INTERNATIONAL
d'Électroculture

ET DES

APPLICATIONS de l'ÉLECTRICITÉ

à l'Agriculture, à la Viticulture, à l'Horticulture et aux Industries Agricoles

TENU A **REIMS**, DU 24 AU 26 OCTOBRE 1912

en présence des Délégués Officiels du Ministère de l'Agriculture, de l'Académie des Sciences, et des Gouvernements de Belgique, de Hongrie, du Luxembourg, du Mexique et de Russie.

COMPTES RENDUS

PAR

A. Ph. SILBERNAGEL

Ingénieur-Conseil
Directeur du *« Génie Rural »* et de *« L'Electroculture »*
Président du Comité d'Organisation du Congrès

avec la collaboration de

Fernand BASTY

Rédacteur en Chef de *« L'Electroculture »*
Lauréat de la Société Nationale d'Agriculture
de France
Secrétaire Général du Congrès

Jean ESCARD

Ingénieur Civil
Lauréat de la Société d'Encouragement
pour l'Industrie Nationale
Rapporteur Général du Congrès

ÉDITIONS DE TECHNIQUE AGRICOLE MODERNE
DE L'OFFICE CENTRAL DU GÉNIE RURAL
DE LA MOTOCULTURE ET DE L'ÉLECTROCULTURE
58, Boulevard Voltaire, 58
PARIS

Fascicule N° 3

2ᵉ Année. — N° 13.   Janvier 1914

Editions de Technique Agricole Moderne

L'Electroculture

Revue pratique des Applications de l'Electricité à l'Agriculture
à la Viticulture, à l'Horticulture et aux Industries Agricoles

Directeur : **A.-Ph. SILBERNAGEL**, Ingénieur-Conseil
Rédacteur en chef : **Fernand BASTY**

DIRECTION. RÉDACTION. ADMINISTRATION : *58, Boulevard Voltaire*, **PARIS**

Abonnements à *"L'Electroculture"*

France et Colonies par an . . . . .   Fr. **10.»»**   ✻   Etranger par an . . . .   Fr. **12.50**

Abonnements combinés à nos trois Revues mensuelles de Technique Agricole Moderne
Le Génie Rural, — La Motoculture, — L'Electroculture

France et Colonies (par an) . . .   Fr. **15.»»**   ✻   Etranger (par an) . . . . . .   Fr. **20.»»**

Primes gratuites

Les diverses primes mentionnées à la page 4 de cette couverture et dont bénéficient les souscripteurs à un **Abonnement combiné** d'un an à nos trois revues, peuvent être remplacées, sur demande, par

Une collection des nᵒˢ 1 à 12 formant la Première Année de L'Electroculture

Cette offre ne concerne que Messieurs les Membres du Congrès de Reims et les Souscripteurs aux Comptes Rendus, et n'est valable que jusqu'à épuisement de la Collection.

Abonnements combinés

au *Génie Rural*, à *La Motoculture* et à *L'Électroculture*

FRANCE ET COLONIES (par an) . . . . . fr. **15.—** ❦ ÉTRANGER (par an) . . . . fr. **20.**

Les Bulletins d'Abonnement

qui nous seront expédiés dans les 8 jours qui suivront la réception de ce **Numéro**
donneront droit en outre aux

PRIMES GRATUITES suivantes :

OPINIONS ET ÉTUDES SUR LA MOTOCULTURE et l'emploi du moteur mécanique en Agriculture, réunies par A. Ph. SILBERNAGEL, Ingénieur-Conseil en matière de Propriété Industrielle, Secrétaire général du 1ᵉʳ Congrès International de Motoculture (Amiens 1909) et de l'Association Française de Motoculture.

TABLE DES MATIÈRES. — I. **Partie économique :** Avantages résultant du remplacement en agriculture du moteur animé par le moteur mécanique :

1° *Conditions générales.* Auteurs : MM. RINGELMANN ; Jean LEJEAUX.

2° *Du point de vue de la Main-d'œuvre.* Auteurs : MM. Ch. LAFARGUE ; R. BARON.

3° *Du point de vue de l'Élevage.* Auteur : M. Ch. LAFARGUE.

II. **Partie technique :** Influence du remplacement du moteur animé par le moteur mécanique : *a)* sur la construction des machines-outils agricoles ; *b)* sur les façons et procédés culturaux.

1° *Application du moteur mécanique aux machines-outils conçues pour être actionnées par moteur animé* (Traction mécanique des charrues, etc.). Auteur : Burness GREIG.

2° *Création de machines-outils nouvelles, conçues spécialement en vue de la commande par moteur mécanique.* Auteurs : MM. Alexandre LONAY ; DRAPIER-GENTEUR ; LECLER ; DE MEYENBURG ; SILBERNAGEL.

3° *Amélioration des façons et procédés culturaux par les machines-outils commandées mécaniquement : Diminution des frais, augmentation des récoltes.* Auteurs : MM. Alexandre LONAY ; D'AVIGNY ; DE MEYENBURG ; SILBERNAGEL.

4° *Comment essayer les appareils de Motoculture.* Auteurs : MM. Alexandre LONAY ; R. CHAMPLY.

5° *L'avenir de la Motoculture.* Auteur : M. Alexandre LONAY.

Un volume in-octavo raisin, 150 pages (2ᵉ édition).

ALBUM DE LA MOTOCULTURE française et étrangère, *60 gravures similis de :* Tracteurs, Charrues automobiles, Treuils, Laboureuses, Piocheuses, Houes automobiles, Bineuses à moteur, Rouleaux automobiles, Faucheuses automobiles, Moissonneuses automobiles, Batteuses, etc.

Un album in-octavo jésus. 32 pages.

LE PROBLÈME DE LA MOTOCULTURE par M. Alexandre LONAY, Directeur de l'École de Mécanique agricole de Mons, Président de la « Fédération Internationale de Motoculture », Conférence à la Société belge pour le Progrès de la culture mécanique. [N° 39 du *Génie rural*].

ÉTUDE HISTORIQUE, TECHNOLOGIQUE et ÉCONOMIQUE sur la direction à donner à l'évolution du nouvel outil-laboureur, adapté au nouveau moteur automobile. par R. DE MEYENBURG, Ingénieur à Bâle. (Rapport présenté au 1ᵉʳ Congrès International de Motoculture d'Amiens en 1909). [N° 40 du *Génie rural*].

DÉCOUPEZ SUIVANT LA LIGNE POINTILLÉE

BULLETIN D'ABONNEMENT

Le soussigné :   (Nom et adresse complète)

*souscrit à un abonnement d'***UN AN** *au* **Génie Rural**, *à* **La Motoculture** *et à* **L'Électroculture.**

Il joint la somme de $\frac{quinze^1}{vingt^1}$ *francs (coût de cet abonnement), en un Mandat-Poste* [1], *Bon de Poste* [1], *Chèque* [1], *à l'ordre du* " **GÉNIE RURAL** " *et désire recevoir les* **Primes gratuites** *ci-dessus annoncées.*

A ....   le   1913

SIGNATURE :

(1) Biffer les mots qui ne conviennent pas.

Abbeville. — Imprimerie F. PAILLART.

1er CONGRÈS INTERNATIONAL
d'Électroculture

ET DES

APPLICATIONS de l'ÉLECTRICITÉ

*à l'Agriculture, à la Viticulture, à l'Horticulture
et aux Industries Agricoles*

TENU A **REIMS**, DU 24 AU 26 OCTOBRE 1912

en présence des Délégués Officiels du Ministère de l'Agriculture, de l'Académie des Sciences,
et des Gouvernements de Belgique, de Hongrie, du Luxembourg,
du Mexique et de Russie.

COMPTES RENDUS

PAR

A. Ph. SILBERNAGEL

Ingénieur-Conseil
Directeur du " *Génie Rural* " et de " *L'Electroculture* "
Président du Comité d'Organisation du Congrès

avec la collaboration de

Fernand BASTY
Rédacteur en Chef de " *L'Electroculture* "
Lauréat de la Société Nationale d'Agriculture
de France
Secrétaire Général du Congrès

Jean ESCARD
Ingénieur Civil
Lauréat de la Société d'Encouragement
pour l'Industrie Nationale
Rapporteur Général du Congrès

ÉDITIONS DE TECHNIQUE AGRICOLE MODERNE
DE L'OFFICE CENTRAL DU GÉNIE RURAL
DE LA MOTOCULTURE ET DE L'ÉLECTROCULTURE
58, Boulevard Voltaire, 58
PARIS

Fascicule N° 4

2ᵉ Année. — Nᵒ 13.   Janvier 1914

Editions de Technique Agricole Moderne

L'Electroculture

Revue pratique des Applications de l'Electricité à l'Agriculture
à la Viticulture, à l'Horticulture et aux Industries Agricoles

Directeur : **A.-Ph. SILBERNAGEL,** Ingénieur-Conseil
Rédacteur en chef : **Fernand BASTY**

DIRECTION, RÉDACTION, ADMINISTRATION : *58, Boulevard Voltaire, PARIS*

Abonnements à "*L'Electroculture*"
France et Colonies (par an) . . . . Fr. **10.»»**   ⚡   Etranger (par an) . . . . . . Fr. **12.50**

Abonnements combinés à nos trois Revues mensuelles de Technique Agricole Moderne
Le Génie Rural. — La Motoculture, — L'Electroculture
France et Colonies (par an) . . . Fr. **15.»»**   ⚡   Etranger (par an) . . . . . . Fr. **20.»»**

Primes gratuites

Les diverses primes mentionnées à la page 4 de cette couverture et dont bénéficient les souscripteurs à un **Abonnement combiné** d'un an à nos trois revues, peuvent être remplacées, sur demande, par

Une collection des nᵒˢ 1 à 12 formant la Première Année de L'Electroculture

Cette offre ne concerne que Messieurs les Membres du Congrès de Reims et les Souscripteurs aux Comptes Rendus, et n'est valable que jusqu'à épuisement de la Collection.

Abonnements combinés

au *Génie Rural*, à *La Motoculture* et à *L'Électroculture*

FRANCE ET COLONIES (par an) . . . . . . fr. **15**.— ❦ ÉTRANGER (par an). . . . . fr. **20**.—

Les Bulletins d'Abonnement

qui nous seront expédiés dans les 8 jours qui suivront la réception de ce **Numéro** donneront droit en outre aux

PRIMES GRATUITES suivantes :

OPINIONS ET ÉTUDES SUR LA MOTOCULTURE et l'emploi du moteur mécanique en Agriculture, réunies par A. Ph. SILBERNAGEL, Ingénieur-Conseil en matière de Propriété Industrielle, Secrétaire général du 1ᵉʳ Congrès International de Motoculture (Amiens 1909) et de l'Association Française de Motoculture.

TABLE DES MATIÈRES. — I. **Partie économique :** Avantages résultant du remplacement en agriculture du moteur animé par le moteur mécanique :

1° *Conditions générales.* Auteurs : MM. RINGELMANN ; Jean LEJEAUX.

2° *Du point de vue de la Main-d'œuvre.* Auteurs : MM. Ch. LAFARGUE ; R. BARON.

3° *Du point de vue de l'Elevage.* Auteur : M. Ch. LAFARGUE.

II. **Partie technique :** Influence du remplacement du moteur animé par le moteur mécanique : *a)* sur la construction des machines-outils agricoles ; *b)* sur les façons et procédés culturaux.

1° *Application du moteur mécanique aux machines-outils conçues pour être actionnées par moteur animé* (Traction mécanique des charrues, etc.). Auteur : Burness GREIG.

2° *Création de machines-outils nouvelles, conçues spécialement en vue de la commande par moteur mécanique.* Auteurs : MM. Alexandre LONAY ; DRAPIER-GENTEUR ; LECLER ; DE MEYENBURG ; SILBERNAGEL.

3° *Amélioration des façons et procédés culturaux par les machines-outils commandées mécaniquement : Diminution des frais, augmentation des récoltes.* Auteurs : MM. Alexandre LONAY ; D'AVIGNY ; DE MEYENBURG ; SILBERNAGEL.

4° *Comment essayer les appareils de Motoculture.* Auteurs : MM. Alexandre LONAY ; R. CHAMPLY.

5° *L'avenir de la Motoculture.* Auteur : M. Alexandre LONAY.

Un volume in-octavo raisin, 150 pages (2ᵉ édition).

ALBUM DE LA MOTOCULTURE française et étrangère, *60 gravures similis de :* Tracteurs, Charrues automobiles, Treuils, Laboureuses, Piocheuses, Houes automobiles, Bineuses à moteur, Rouleaux automobiles, Faucheuses automobiles, Moissonneuses automobiles, Batteuses, etc.

Un album in-octavo jésus, 32 pages.

LE PROBLÈME DE LA MOTOCULTURE par M. Alexandre LONAY, Directeur de l'Ecole de Mécanique agricole de Mons, Président de la « Fédération Internationale de Motoculture ». Conférence à la Société belge pour le Progrès de la culture mécanique. [Nᵒ 39 du *Génie rural*].

ÉTUDE HISTORIQUE, TECHNOLOGIQUE et ÉCONOMIQUE sur la direction à donner à l'évolution du nouvel outil-laboureur, adapté au nouveau moteur automobile, par K. DE MEYENBURG, Ingénieur à Bâle. (Rapport présenté au 1ᵉʳ Congrès International de Motoculture d'Amiens en 1909). [Nᵒ 40 du *Génie rural*].

DÉCOUPEZ SUIVANT LA LIGNE POINTILLÉE

BULLETIN D'ABONNEMENT

Le soussigné : (Nom et adresse complète)

souscrit à un abonnement d'**UN AN** au **Génie Rural**, à **La Motoculture** *et à* **L'Électroculture.**

Il joint la somme de $\frac{quinze^1}{vingt^1}$ *francs. (coût de cet abonnement), en un Mandat-Poste* [1], *Bon de Poste* [1], *Chèque* [1], *à l'ordre du* " **GÉNIE RURAL** " *et désire recevoir les* **Primes gratuites** *ci-dessus annoncées.*

A   le   1913

SIGNATURE :

(1) Biffer les mots qui ne conviennent pas.

Milton Keynes UK
Ingram Content Group UK Ltd.
UKHW030139120324
439192UK00007B/502